Deutsches Zentrum für Entwicklungstechnologien – GATE

Das Deutsche Zentrum für Entwicklungstechnologien – GATE – wurde im Jahre 1978 als besondere Arbeitseinheit innerhalb der Deutschen Gesellschaft für Technische Zusammenarbeit (GTZ) GmbH gegründet.
GATE fördert und verbreitet angepaßte Technologien in Entwicklungsländern.
Unter „angepaßten Technologien" werden bei GATE solche technologischen Lösungen verstanden, die sich sowohl nach volks- und betriebswirtschaftlichen wie auch nach sozialen und kulturellen Kriterien als besonders geeignet erweisen. In diesem Sinne sollen die Technologien unter optimaler Ressourcennutzung und minimaler Umweltbelastung zu einer sozioökonomischen Entwicklung beitragen. Fallweise kann es sich dabei um traditionelle, intermediäre oder hochentwickelte Technologien handeln. Schwerpunktbereich ist der Technologieaustausch, das heißt Sammeln, Aufbereiten und Verteilen von Informationen über Technologien, die dem Bedarf von Entwicklungsländern angepaßt sind; Ermittlung von technologischem Bedarf in Ländern der Dritten Welt; Förderung der Entwicklung und Anpassung von Technologien für Entwicklungsländer durch materielle und personelle Unterstützung.
GATE bietet einen kostenlosen Informationsservice über angepaßte Technologien für öffentliche und private Entwicklungshilfeorganisationen in Entwicklungsländern an, die sich mit Entwicklung, Anpassung, Einführung und Anwendung von Technologien befassen.

Deutsche Gesellschaft für Technische Zusammenarbeit (GTZ) GmbH

Die GTZ ist ein bundeseigenes Unternehmen mit dem Aufgabengebiet „Technische Zusammenarbeit". In etwa 100 Ländern Afrikas, Asiens und Lateinamerikas realisieren 2200 Experten zusammen mit einheimischen Partnern Projekte in nahezu allen Bereichen der Sektoren Land- und Forstwirtschaft, Wirtschaft und Sozialwesen sowie institutionelle und materielle Infrastruktur. – Auftraggeber der GTZ sind neben der deutschen Bundesregierung andere staatliche oder halbstaatliche Stellen.
GTZ-Leistungen u. a.:
– Prüfung, fachliche Planung, Steuerung und Überwachung von Maßnahmen (Projekten, Programmen) entsprechend den Aufträgen der Bundesregierung oder anderer Stellen,
– Beratung anderer Träger von Entwicklungsmaßnahmen,
– Erbringung von Personalleistungen (Suche, Auswahl, Vorbereitung, Entsendung von Fachkräften, persönliche Betreuung und fachliche Steuerung durch die Zentrale),
– Erbringung von Sachleistungen (technische Planung, Auswahl, Beschaffung und Bereitstellung von Sachausrüstung),
– Abwicklung finanzieller Verpflichtungen gegenüber Partnern in Entwicklungsländern.

Deutsches Zentrum für Entwicklungstechnologien – GATE
in: Deutsche Gesellschaft für Technische Zusammenarbeit (GTZ) GmbH
Postfach 5180
D-65726 Eschborn
Bundesrepublik Deutschland
Tel.: (06196) 79-0   Fax: (06196) 794820

Willy Bierter

Technologie-Praxis
„Angepaßte Technologie"

Ein Status-Report

Eine Veröffentlichung von
Deutsches Zentrum für Entwicklungstechnologien – GATE
in: Deutsche Gesellschaft für Technische Zusammenarbeit (GTZ) GmbH

Der Autor:

Willy Bierter, Dr. phil., geb. 1940; Physiker, Zukunftsforscher und Publizist. 1965 bis 1970 wissenschaftlicher Mitarbeiter an den Universitäten Basel, Heidelberg, Berkeley/ Kalifornien und am Max-Planck-Institut für Physik und Astrophysik in München. 1971–1976 wirtschaftspolitische Beratung bei Prognos AG (Europäisches Zentrum für angewandte Wirtschaftsforschung), Basel. 1976–1979 Leiter der Planungsgruppe der Gesamthochschule Kassel. 1979 Gastprofessor für Energie, Ökonomie und Ökologie an der Gesamthochschule Kassel. 1980–1984 Gründung und Aufbau des Ökozentrums Langenbruck. Seit 1984 Gründung und Mitarbeit bei SYNTROPIE-Stiftung für Zukunftsgestaltung in der Schweiz. Zusätzlich seit 1993 am Wuppertal-Institut für Klima, Umwelt & Energie tätig.

Die Deutsche Bibliothek – CIP-Einheitsaufnahme

Bierter, Willy:
Technologie-Praxis „angepaßte Technologie" : ein Status-
Report ; eine Veröffentlichung von Deutsches Zentrum für
Entwicklungstechnologien – GATE in: Deutsche Gesellschaft
für Technische Zusammenarbeit (GTZ) GmbH / Willy Bierter.
– Braunschweig ; Wiesbaden : Vieweg, 1993
ISBN 978-3-528-02074-3   ISBN 978-3-322-90128-6 (eBook)
DOI 10.1007/978-3-322-90128-6

Verlegerische Betreuung und Vertrieb: Friedr. Vieweg & Sohn Verlagsgesellschaft mbH, Braunschweig
Der Verlag Vieweg ist ein Unternehmen der Verlagsgruppe Bertelsmann International.
Gesamtherstellung: Lengericher Handelsdruckerei, Lengerich

Einleitung

Technologie war seit jeher ein Schlüsselelement für die wirtschaftliche und gesellschaftliche Entwicklung. Ganze Zeitabschnitte wurden nach spezifischen Technologien benannt - vom Steinzeitalter über das Dampfzeitalter bis zum Zeitalter des Computers. Aber Technologie ist mehr als Computer und Autos. Techologie ist eine Kombination von Wissen, Fähigkeiten, Techniken und Konzepten. Technologie bedeutet Werkzeuge und Maschinen, Handwerksateliers, Büros und Fabriken; sie bedeutet aber ebenso sehr Organisation, Prozesse und Menschen. Der kulturelle, historische und organisationelle Kontext, in dem Technologie entwickelt und angewendet wird, ist der Schlüssel für erfolgreiche oder misslingende Entwicklung.

In früheren Epochen waren die Leute öfters noch persönlich vertraut mit den Funktionsweisen und der Handhabung von Technologien. In den heutigen Industrieländern hatte die Bevölkerung bis vor kurzem die Tendenz, entweder technologische Fragen den ihrer Meinung nach dafür zuständigen Ingenieuren, Technikern und Wissenschaftlern zu überlassen, oder Technologie als wohltätigen Lieferanten und Garanten des materiellen Wohlstandes als selbstverständlich vorauszusetzen. Die technologische Durchdringung und Prägung der industriell-urbanen Gesellschaften scheint zuzunehmen, weshalb ihre Charakterisierung als "technologische Zivilisation" (1) immer häufiger anzutreffen ist.

Technologien stellen auf vielfältige Art und Weise die Struktur für menschliche Tätigkeiten zur Verfügung. Erfahrungen zeigen aber auch, dass Technologien nicht bloss Hilfsmittel für menschliche Tätigkeiten sind, sondern ebenso starke Kräfte, die diese Tätigkeiten und ihre Bedeutungen umformen. So erhöht die Einführung einer modernen Werkzeugmaschine an einem industriellen Arbeitsplatz nicht nur die Produktivität, sondern sie verändert oft den Produktionsprozess radikal und damit auch die Bedeutung von "Arbeit" in diesem neuen Zusammenhang. Oder neue medizinische Techniken oder Instrumente verändern nicht nur die Arbeit der Ärzte, sondern auch, wie die Menschen über Gesundheit und Krankheit denken. Mit anderen Worten: Das alltägliche Leben wird durch die Vermittlung von Technologien aller Art auf eine subtile Art verändert. Individuelle Gewohnheiten, Wahrnehmungen, Vorstellungen über das Selbst, Ideen über Raum und Zeit, soziale Beziehungen, und moralische und politische Begrenzungen sind im Lauf der modernen technologischen Entwicklung alle stark verändert worden. In Anlehnung an Ludwig Wittgen-

stein, der argumentierte, dass "das Sprechen der Sprache ein Teil ist einer Tä-
tigkeit, oder einer Lebensform " (2), kann man sagen, dass <u>Technologien als
Lebensformen</u> begriffen werden sollten.

Die Allgegenwart von Technologie in der gegenwärtigen Gesellschaft bedeutet,
dass die meisten der wichtigen sozialen, politischen, ökonomischen und der
Umweltprobleme eine technologische Dimension haben. Technologische Streitfragen und Kernprobleme tendieren dazu, ein weiteres Spektrum von Fragen
und Problemen zu widerspiegeln, um die herum sich verschiedene Interessengruppen der Gesellschaft versammeln. Immer stärker haben Kontroversen
über technologische Veränderungen einen direkten Bezug zu dem, was man als
globale Problematik bezeichnen könnte, einem Komplex von miteinander verknüpften und wechselseitig sich laufend verstärkenden Einzelproblemen wie
irreversible Schädigungen globaler und lokaler Ökosysteme, Bevölkerungsexplosion, rasche Verbreitung von Armut, unzureichende und mangelhafte Wirtschaftslage im Hinblick auf die Grundbedürfnisse der Menschen, Verknappung
natürlicher Ressourcen usw.

In der in den 60er Jahren unter dem Namen "Angepasste Technologie" auftau-
chenden internationalen sozialen Bewegung versammelten sich Menschen, die
der Überzeugung waren, dass unangepasste Technologien derart verbreitet
sind, dass dringend gemeinsame Anstrengungen unternommen werden müssten, damit die in allen Praxisfeldern eingesetzten Technologien so "angepasst"
wie möglich sind. Diese Behauptung ist von der Überzeugung begleitet, dass
die Wahl angepasster technologischer Lösungen zu einem Grundprinzip in der
Gestaltung menschlicher Angelegenheiten gemacht werden müsste, und nicht
nur Spezialisten und Enthusiasten überlassen werden dürfte. Der Nachdruck,
den die AT-Bewegung auf die "Angepasstheit" als zentrales Thema legt, aner-
kennt den positiven Wert von Technologie, aber antwortet gleichzeitig auf ihre
Unzulänglichkeiten und Fehler. Mit anderen Worten: im Gegensatz zu groben
Urteilen, ob nun eine Technologie eingesetzt oder abgelehnt werden soll, will
das AT-Konzept zwischen verschiedenen Technologien aufgrund ihrer relativen Eignung für spezifische Zwecke oder Situationen unterscheiden.

Die AT-Bewegung hat einen eindrücklichen Leistungsausweis an erfolgreichen
Projekten vorzuweisen und es existiert ein ausgedehntes Netz von AT-Organisationen. Trotzdem ist es ihr nicht gelungen, die Technologiepraxis in den
meisten Ländern nach ihren Prinzipien umzugestalten. Mit anderen Worten:
obwohl eine international bedeutende Bewegung, ist Angepasste Technologie

innerhalb der Gesamtthematik von Technologiepolitik und -praxis ein Minderheitsthema geblieben.

Die AT-Bewegung steht an einer Verzweigungsstelle: einerseits scheint sie nach wie vor ein Hoffnungsträger für die Lösung vieler globaler Probleme zu sein, andererseits ist es ihr nach über zwei Jahrzehnten nicht gelungen, zur vorherrschenden Technologiepraxis zu werden. Über die Praktikabilität von "angepassten" Technologien gibt es aufgrund der Vielzahl von erfolgreichen AT-Projekten und -programmen kaum mehr Zweifel: es sind keine technologischen Gründe, die gegen das AT-Konzept sprechen. Trotzdem hat die technologische Machbarkeit nicht dazu geführt, dass die erprobten AT-Methoden zur normalen Praxis wurden.

Die Grenzen, an die Angepasste Technologie gestossen ist, ergeben sich aus mancherlei Gründen, u.a.:

- AT ist oft nur eine Relevanz in bezug auf "weniger entwickelte" und arme Länder des "Südens" zugesprochen worden;

- Das Charakteristische von AT wurde zu oft - gerade auch von Mitgliedern der AT-Bewegung selber - als eine besondere Auswahl von technologischen Artefakten dargestellt, was innerhalb wie ausserhalb der AT-Bewegung erhebliche Verwirrung über die Bedeutung von "AT" gestiftet hat;

- Die Praktiker und Befürworter von AT haben wichtigen institutionellen und politischen Faktoren zu wenig Aufmerksamkeit geschenkt;

- Es herrscht eine verbreitete Verwirrung - nicht nur innerhalb der AT-Bewegung über Natur und Bedeutung von Technologie überhaupt und die Beziehung zwischen Technologie als solcher und anderen technologiebezogenen Phänomenen, vor allem was Technologiepraxis und Fragen der Technologiewahl anbelangt.

Ist deswegen das AT-Konzept überholt? Um sich an die Beantwortung dieser Frage heranzutasten, ist zunächst eine Erörterung der Definition und des Konzepts von Angepasster Technologie angezeigt, sowie ein kurzer kritischer Rückblick auf die AT-Aktivitäten. Anschliessend ist in einer breiteren Perspektive etwas zur Geburt des Konzepts der Technologie-Wahl ausserhalb der engeren AT-Bewegung zu sagen. Daran anknüpfend wird AT als eine spezifische Form der Technologie-Praxis und der Technologie-Wahl skizziert. Schliesslich wird die Zukunft von AT und die verschiedenen förderlichen und hemmenden Bedingungen für eine Verbreitung der AT-Praxis erörtert.

Literatur:

(1) A. Bammé et al.: "Technologische Zivilisation", München 1987

(2) L. Wittgenstein: "Philosophische Untersuchungen", Frankfurt/M. 1971, S. 28

1. Zusammenfassende Erörterung von AT-Konzepten und sie charakterisierende Dimensionen und Merkmale

1.1 Das AT-Konzept im kurzen historischen Rückblick

Historisch entstand die Forderung nach einer "angepassten" Technologie zunächst aus den negativen Folgen des Transfers von Entwicklungskonzepten und Technologien aus Industrieländern in die Länder der Dritten Welt. (1) Die Wurzeln des Konzepts einer Angepassten Technologie liegen in einer anderen Vorstellung von Entwicklung, die in einem umfassenderen Sinne verstanden wird, nämlich als ein Prozess, der nur durch einen organischen Aufbau von unten erfolgen kann, als "Aufwärtsbewegung des gesamten sozialen Systems" (2). Am deutlichsten vielleicht kommt die dem Konzept der Angepassten Technologie zugrundeliegende Entwicklungsvorstellung in der Cocoyoc-Erklärung (3) zum Ausdruck: Unter Entwicklung wird die Entwicklung des Menschen in seiner Gesamtheit und aller Menschen verstanden. "Die Entwicklung des Menschen" bedeutet die Befriedigung von Bedürfnissen des Menschen. Im Vordergrund stehen hauptsächlich die fundamentalen Bedürfnisse - auch Grundbedürfnisse genannt -, wobei die materiellen Bedürfnisse jene sind, deren Befriedigung gewisse physische Elemente benötigen, während die Befriedigung der immateriellen Bedürfnisse von der Struktur der sozialen Beziehungen und der Kultur abhängen. Diese Vorstellung von Entwicklung findet ihren Niederschlag in den in Tabelle 1 angegebenen Anforderungen an eine Angepasste Technologie. (4)

Für das Konzept der Angepassten Technologie zentral ist

-   die Betonung der Tatsache, dass es Wahlmöglichkeiten der Technologie gibt, und zwar vor allem wenn man nicht nur einen rein ökonomischen Gesichtspunkt wählt, sondern auch sozio-kulturelle und ökologische Aspekte mit hereinnimmt und die Überzeugung, dass diese Wahl der Technologie der vielleicht entscheidende Bestimmungsfaktor des Entwicklungsweges ist;

-   die Verknüpfung der Wahl der Technologie mit der Wahl der Produkte. Die Technologiefrage wird in engem Zusammenhang mit der Bedürfnisfrage gesehen, und die Entscheidung für eine Angepasste Technologie als eine Entscheidung für die Befriedigung der Grundbedürfnisse der breiten Bevölkerung.

Tabelle 1: Anforderungen an eine Angepasste Technologie

Der Zweck von Technologie ist es, Grundbedürfnisse des Menschen zu befriedigen	
Materielle Bedürfnisse: Nahrung, Bekleidung, Wohnen, Gesundheit, Bildung, Transport- und Kommunikationsmittel	Ökonomische Anforderungen
Immaterielle Bedürfnisse: Kreativität, Identität, Autonomie, Geselligkeit, Partizipation, Selbstentfaltung, Lebenssinn	Soziale Anforderungen
Notwendige Bedingungen **Strukturelle Bedingungen:** Gerechtigkeit, Autonomie, Solidarität, Partizipation, Integration **Umweltbedingungen:** Einbettung in die Ökosphäre	Umweltanforderungen

Mit der grundsätzlichen Bejahung der Möglichkeit einer Technologie-Wahl lehnt das AT-Konzept die von technologischen Deterministen behauptete Starrheit der technologischen Entwicklung ab, die suggeriert, als gäbe es gleichsam einen zwangsläufig ablaufenden technologischen Fortschrittsprozess vom "Steinbeil zum Computer" auf einem durch aussergesellschaftliche Gesetze vorgezeichneten Weg. Allerdings stellt sich für viele Länder der Dritten Welt die Situation insofern deterministisch dar, als die Abhängigkeit vom Technologietransfer aus den Industrieländern tatsächlich zu einer Verringerung technologischer Wahlmöglichkeiten führt. Hinzu kommt, dass traditionelle, einheimische Technologien oft völlig verloren gehen und Angepasste Technologie von den Eliten in der Dritten Welt nicht oder nur marginal gefördert werden.

Mit dem Konzept einer Angepassten Technologie werden in der konkreten Realität die Entscheidungen zugunsten der einen oder anderen Technologie zu einer recht komplexen Angelegenheit. Nicht nur, weil neben rein ökonomischen Gesichtspunkten noch weitere Bestimmungsfaktoren wie soziale, kulturelle und ökologische Aspekte für die Wahl von Technologien mitberücksichtigt werden sollen, sondern weil darüberhinaus eine Fülle von psychologischen und institutionellen Faktoren die Technologiewahl ebenso entscheidend mitbestimmt, wie z.B. die Beschränktheit der technologischen Alternativen, die Marktgrösse oder die regionalen Ressourcenvorkommen. Als wegleitend für die Wahl von Technologien werden grosso modo die in Tabelle 2 aufgeführten Kriterien betrachtet. (5) Diese Kriterien stecken einen Orientierungshorizont ab, den man für die konkreten Entscheidungen und Aktivitäten vor Augen haben sollte, aber es lässt sich immer erst nach einiger Zeit feststellen, ob die ursprünglichen Absichten und Ziele auch tatsächlich erreicht worden sind oder nicht - im Sinne eines gerafften Überblicks wird dies in den Kapiteln 1.3 bis 1.5 geschehen.

Tabelle 2: Kriterien für die Auswahl von Technologien

1. Befriedigung der Grundbedürfnisse:

a) Trägt die Technologie direkt oder indirekt zur Befriedigung der Grundbedürfnisse wie Nahrung, Kleidung, Unterkunft, Gesundheit, Bildung, Transport/Kommunikation bei?

b) Erzeugt sie Produkte und/oder Dienstleistungen, die den Bedürftigsten zugänglich sind?

2. Entwicklung der lokalen Gegebenheiten:

a) Werden lokale Faktoren bestmöglich miteinbezogen?
   - Werden Arbeitsmöglichkeiten geschaffen?
   - Wird Kapital gespart/geschaffen?
   - Werden Rohstoffe einschliesslich Energie gespart/erzeugt?
   - Werden Fachkenntnisse, Ingenieur- und Forschungstätigkeiten sowie Entwicklungsfähigkeiten gefördert und werden diese dann zur weiteren technologischen Entwicklung genutzt?

b) Wird die Fähigkeit gefördert, auf Dauer mehr selbst zu produzieren?

3. Gesellschaftliche Entwicklung:

a) Wird lokal, regional und national Abhängigkeit abgebaut und "Self-Reliance" gefördert und erhält dabei die betreffende Gesellschaft die Möglichkeit, ihren eigenen Weg der Entwicklung zu gehen?

b) Werden Ungleichheiten reduziert

4. Kulturelle Entwicklung:

a) Werden einheimische technische Traditionen genutzt, und wird auf ihnen aufgebaut?

b) Passt sich die Technologie erhaltenswerten Elementen und Verhaltensmustern der lokalen/regionalen/nationalen Kultur an und/oder fördert sie diese?

5. Menschliche Entwicklung:

a) Führt die Technologie zu kreativer Beteiligung, indem sie zugänglich, verständlich und flexibel ist?

b) Befreit sie die Menschen von langweiliger, erniedrigender und übermässig schwerer oder schmutziger Arbeit?

6. Ökologische Entwicklung:

a) Wird Raubbau und Verschmutzung verringert durch die Nutzung erneuerbarer Ressourcen, Reduzierung von Verschwendung, Recycling und Wiederverwendung, und passt sich die Technologie besser in die ökologischen Kreisläufe ein?

b) Verbessert sie die natürliche und die vom Menschen geschaffene Umwelt und begünstigt sie ein höheres Niveau der Komplexität und Vielfalt der Ökosysteme, um ihre Verletzlichkeit zu verringern?

Anhand unzähliger Beispiele von AT-Projekten und -Aktivitäten, die teils erfolgreich verlaufen sind und Wurzeln geschlagen haben, teils auch festgefahren oder gescheitert sind, lassen sich jene Elemente und Leitsätze herauslesen, die von den Mitgliedern der AT-Bewegung als die vielleicht charakteristschsten für das AT-Konzept angesehen werden:

1. AT legt das Schwergewicht auf die Entwicklung und Verbreitung von Werkzeugen, Geräten und Maschinen, die menschliche Arbeit und Fähigkeiten erweitern und sie sowohl produktiver als auch kreativer gestalten, und sie nicht durch Maschinen ersetzen bzw. eliminieren;

2. AT weckt ein technologisches Bewusstsein und stärkt das Selbstvertrauen in die eigenen Fähigkeiten, so dass auf dieser Grundlage die eigenständige Entwicklung neuer technischer Lösungen vorangetrieben werden kann bzw. die Entscheidungen über die Auswahl von Technologien nicht "von oben" für die Bevölkerung getroffen werden, sondern mit ihr;

3. AT trägt dazu bei, ausgehend von den schon vorhandenen Fähigkeiten ein sich selbsterhaltendes und expandierendes Reservoir an Fähigkeiten und Fertigkeiten in einer Gemeinschaft aufzubauen;

4. AT strebt wenn immer möglich und sinnvoll eine Dezentralisierung der Produktion an, was erlaubt, dass der volle Nutzen der Arbeit und damit auch die Kontrolle innerhalb einer Gemeinschaft verbleibt, wodurch die lokalen und regionalen Gemeinschaften in organisatorischer Hinsicht gestärkt werden und sie vermehrt selbst Entscheidungen treffen können und so ihre Verhandlungspositionen gegenüber den zentralen Behörden verbessert werden;

5. AT strebt eine wirtschaftliche und technologische Entwicklung an, die mit natürlichen Ressourcen (Energie und Materialien) haushälterisch umgeht, soweit als möglich regional verfügbare Ressourcen nutzt und ökologische Prozesse und Kreisläufe schont;

6. AT sichert breiten Bevölkerungsschichten die Teilnahme am Entwicklungsprozess und ermöglicht die Befriedigung ihrer grundlegenden Bedürfnisse, weil sie am Herstellungsprozess unmittelbarer beteiligt werden und dabei ihre Bedürfnisse artikulieren können;

7. AT verleiht einer Region, oft durch die Bildung von Netzwerken mehrerer lokaler Gemeinschaften, einen zumindest gewissen Schutz gegen Auswirkungen grosser äusserer wirtschaftlicher Veränderungen und Einbrüche, die ihre Ursachen oft ganz woanders haben, sogar oft ausserhalb des eigenen Landes;

8. AT unterstützt die Herausbildung einer eigenen kulturellen und politischen Identität, die eine der wesentlichen Quellen für eine mehr selbstbestimmte Entwicklung ist; AT entwickelt sich mit der Kultur und versucht nicht in Widerspruch zu geraten zu den Werten, die die Menschen als wichtig für sich und ihr Zusammenleben erachten.

1.2 Geschichtliches: Die Vielfalt der technologischen Welt

Für die weiteren Erörterungen ist es wünschenswert, einige Begriffe wie Technik, Technologie, Angepasste Technologie etc. zu definieren. Statt eines breiten Überblicks über die verschiedenen und sich meistens stark überlappenden Definitionen in der einschlägigen "Technologie"-Literatur, soll zunächst ein kurzer historischer Abriss über die sich verändernde Verwendungsweise des Begriffs der Technik gegeben werden. Dieser Abriss bildet den Hintergrund für unsere nachfolgenden Definitionen.

"Technik" ist ein vieldeutiger Begriff. Im Zentrum der Verwendungsweise des Begriffs der Technik steht in der neuzeitlichen Tradition der Begriff des **Artefakts**, der als Werkzeug, Maschine oder Automat Mittel zur Erreichung nicht-technischer Ziele ist. Darüberhinaus wird in anderen Handlungsbereichen ebenfalls von Techniken gesprochen und werden diese zum Teil schulmässig gelehrt und gelernt: Kulturtechniken der Pädagogik, Gesetzestechnik in der Rechtswissenschaft, Sporttechniken usw. Geht man bis zu den Griechen zurück, so öffnet sich das Feld der Techniken noch weiter, bis hin zu den Selbsttechniken in der Form von Regeln für alltägliche Verhaltensweisen im Umgang mit sich selbst und Anderen für das "Grundkönnen des Lebensvollzugs".

Ursprünglich ist das Technische kein eigenständiger Handlungszusammenhang, vergleichbar etwa mit Wirtschaft, Politik usw. Vielmehr bleibt es in diese Handlungszusammenhänge eingebunden und hat da seine je eigenen Wurzeln wie die Zusammenhänge selber. Trotzdem lassen sich Verflechtungen zwischen diesen Wurzeln, lässt sich in der Abfolge von vier historischen Konstellationen das "Technische am Technischen" im Sinne von reflexiven Konstruktions- und Abstraktionsleistungen sichtbar machen. Idealtypisch sind diese:

"-   das griechische Verständnis der Technik als subjektive Könnerschaft durch Erkenntnis von Handlungsregeln;

-   der in der Renaissance und frühen Neuzeit entwickelte Begriff der Technik als ein in Experimenten arrangierter Naturprozess, erzeugbar vermittels der Erforschung von Naturgesetzen;

-   das im 19. Jahrhundert entworfene Verständnis der Technik als Maschine, erzeugbar durch die Erkenntnis der Konstruktionsbedingungen ihrer inneren Autonomie;

- das im 20. Jahrhundert entstandene Muster eines soziotechnischen Systembegriffs, der maschinelle und organisationale Komponenten umfasst und auf der Erkenntnis von deren Kopplungsbedingungen beruht." (6)

<u>Technik, technisches Handeln und technisches Können bei den Griechen</u>:

Als Bereiche der Technik zählen <u>alle</u> menschlichen Handlungsbereiche, seien dies Handwerke, Gewerbe, Künste oder Wissenschaften. Charakteristisch für den Begriff der Technik ist, dass "Technik **Kenntnis** des Umgangs mit etwas oder Erzeugung von etwas ist, nicht dagegen das Behandelte selbst", und dass "diese Kenntnis **lehrbar** ist" (7). Die hervorgebrachten Gegenstände des technischen Denkens werden nicht technische Gegenstände - oder modern Artefakte - genannt. Denn "Technik ist immer die Kunst, die man gegen einen Gegenstand anwendet, der Gegenstand ist danach nicht technischer als vorher, wie raffiniert das Artefakt (Instrument, Apparat, Automat) auch funktionieren vermag. Dagegen ist es möglich und sogar konsequent, von der Selbstformung des technischen Geistes zu reden, da ja technische Unterrichtung darin besteht, gegebene Gründe des Handelns so zu übernehmen, dass eine Haltung des Handelns aus Gründen entsteht. Hier geht die poietische Technik in die praktische über und bildet einen neuen sozialen Kontext des technischen Handelns." (8)

<u>Die Ideen der Verbesserung der Technik und des Fortschritts der technischen Erkenntnis in der Renaissance</u>:

In der Technikkonzeption der Renaissance erhält die Erweiterung und Veränderung des Wissens Vorrang vor der Bewahrung von Regeln. Dabei spielt das heraufkommende <u>Ingenieurswesen</u> eine wichtige Rolle. "Der prägnante Unterschied zwischen den klassischen Handwerken und der Ingenieurstätigkeit besteht darin, dass Handwerke durch den Umgang mit Materialien (Steinmetz, Sattler etc.), die Ingenieurstätigkeiten dagegen durch den Umgang mit Umgangsweisen, also vor allem durch die Beherrschung von Verfahren, gekennzeichnet sind. Ihre Gegenstände sind Messverfahren (Instrumente), Übersetzungen (Apparate), Kraftumwandlungen u.a. Das Fertigungsmaterial spielt nur sekundär über seine Eignung hinein. Aus diesem Grund schiebt sich in der technischen Literatur die Darstellung des konstruktiven Entwurfs vor die Gewährleistung seiner Realisation: das **Technisch-Mögliche** ist entdeckt worden." (9) Technisches Handeln ist auf die **Entdeckung der Konstruktion von Produkten** ausgerichtet. Die Wertschätzung wird der Entdeckung und damit der Verknüpfung von technischem Handeln und **Innovation** gezollt.

Damit einher geht, dass die Renaissance beginnt, Erkenntnis als Verbesserung des Wissens zu verstehen und den Weg der Erkenntnis als Fortschritt: Die Erzeugung neuen Wissens und neuen Könnens rückt in den Vordergrund und damit auch die erforschbare Kausalität (statt wie im griechischen Kontext das erlernbare Können). Der Punkt, an dem Wissen und Können tatsächlich zusammentreffen, ist das <u>Experiment</u>.

Grundsätzliches Credo ist jenes von Bacon, demzufolge Technik nichts anderes als Natur, oder genauer das von Natur aus Mögliche sei. "Diese Naturalisierung des Technischen (freilich auf der Basis einer technisch interpretierten Natur) ist die Abstraktionsleistung, die es möglich macht, Technik selbst zum Gegenstand der Technik zu machen und von einer "ars technica" oder einer "technologia" zu reden. (...) Dass diese "Naturalisierung der Technik" nicht ohne den griechischen Begriff der Technik als Kenntnis von Handlungsregeln zur Erzeugung von etwas auskommt, liegt auf der Hand, aber er ist nicht leitend bei der neuen Abstraktionsleistung, die darin besteht, das Technische <u>in</u> der Natur, ja <u>als</u> Natur zu definieren, wobei die Möglichkeiten der Technik in denen der Natur zu entdecken sind." (10)

In der Renaissance erfährt der Technikbegriff also eine erste Abstraktion, wird das technische Handeln aus den funktionellen Einbindungen in die jeweiligen Handlungsbereiche allmählich herausgelöst, und erscheint so etwas wie eine institutionelle Ausgestaltung eines technischen Handlungssystems in der Form der Einrichtung von Forschungseinrichtungen.

<u>Von der technischen Erkenntnis zur Erkenntnis des Technischen:</u>

Wegbereiter einer neuen Technikkonzeption waren u.a. Franz Reuleaux, der in seiner "Kinematik" "das ganze innere Wesen der Maschine" zu entdecken suchte und eine allgemeine Axiomatik der mechanischen Konstruktion entwickelte. Ähnlich versuchte Charles Babbage mit seiner "Analytical engine" die algebraischen Regeln, mit denen wir Maschinen benutzen, zum Operationsfeld der Maschine selbst zu machen. Hier wird das technische Handeln von dem Kontext seiner Anwendungen noch radikaler als bei den Ingenieuren der Renaissance entlastet, weil die Orientierung ganz auf die technische Erkenntnis des Technischen gerichtet ist: **Technologie wird zu einer selbständigen Prinzipienwissenschaft, deren Aufgabe es ist, Technik zu produzieren.**

In diesen Ansätzen ist Technik nicht mehr länger Aneignung der Natur bzw. wird die Technologie aus ihrer Stellung als nachgeordnete Anwendung der Naturwissenschaft befreit. "Ähnlich wie in der naturalistischen Konzeption die antike Definition der persönlichen Könnerschaft zu einem zweitrangigen Moment wurde, so wird jetzt die zentrale Verankerung der Technik im Naturprozess zu einer Art Randbedingungen der Technologie. Damit ist zum ersten Mal auch ihre <u>theoretische Dekontextualisierung</u> geleistet worden." (11)

<u>Vom Artefakt zum sozio-technischen System</u>:

An der Schwelle zum 20. Jahrhundert beginnt sich das Verständnis von Technik grundlegend **vom Artefakt zum System** zu verändern. "Die neuzeitliche Einengung des Technikbegriffs auf von Naturgesetzen und mechanischen Konstruktionsprinzipien abhängige Artefakte wurde rückgängig gemacht und die methodischen und organisationalen Aspekte der Technik (wieder-)entdeckt. Ähnlich wie in der frühen Neuzeit die Technikreflexion im experimentellen Effekt und im 19. Jahrhundert in der Maschine ihren dominanten Bezugspunkt hatten, schiebt sich im 20. Jahrhundert die systemische Vernetzung von Techniken in den Vordergrund und wirft das Problem auf, diese Vernetzung <u>selbst als Technik</u> zu sehen." (12) Historische Beispiele dafür sind etwa die Eisenbahn, Thomas A. Edisons System der elektrischen Beleuchtung oder Henry Fords Fliessfertigung als Kombination materieller, organisatorischer und psychisch-ergonomischer Faktoren. In diesen und anderen Systemen ist der entscheidend neue und erweiternde Gesichtspunkt der, dass nicht mehr die maschinelle Produktion, sondern die **soziale Interaktion** im Zentrum steht.

Die Frage nach dem "Wesen des technischen Systems" wird ähnlich wie jene nach dem "Wesen der Maschine" technologisch gestellt, also als eine nach der **Konstruktionstechnologie für Systeme**. "Den ersten für ihre Beantwortbarkeit relevanten Kontext erhielt die Frage durch die Kybernetik, von der sich ein Entwicklungsfaden über die Systemtheorie und Automatentheorie bis zur Theorie selbstorganisierender Systeme und zur Robotics science hinzieht. Stand zunächst bei der Kybernetik das Steuerungsproblem im Vordergrund, während das System ausserhalb seiner Steuerungs- und Rückkopplungsfunktionen als black-box behandelt wurde, haben sich besonders durch die Theorie selbst-organisierender Systeme die Probleme der Selbsterhaltung, Selbststeuerung und des Lernens, also die wechselseitige Erzeugung und Erhaltung der Komponenten bei wechselnden Umwelteinflüssen, in den Vordergrund geschoben. Systemsteuerung, die durch die Grundidee der Kybernetik anfangs einer grundsätzlich einfachen Lösung zugänglich zu sein schien, wurde in dem Masse problematisiert, in dem der Selbst- und Umbau von Systemen, die Konstitution und Erhaltung einer **Organisation** zum Brennpunkt der Forschung wurde." (13)

Die Fokussierung auf den Begriff der Organisation hat zur Folge, dass der Technikbegriff nicht mehr länger auf materielle Artefakte eingeschränkt bleiben kann. Damit aber steht Technik der Natur nicht mehr näher als der Gesellschaft. Beispiele von menschengemachten komplexen Systemen aus dem Ingenieurswesen, der Medizin, Betriebswirtschaft, Volkswirtschaft, Organisationssoziologie, Kognitionspsychologie, künstliche Intelligenz, Architektur usw. zeigen mit aller Deutlichkeit, dass systemische Technik Organisation von materiellen wie nicht-materiellen Komponenten ist. Die für alle Bereiche notwendige Grundlagenwissenschaft ist nicht länger die Naturwissenschaft, sondern eine Art "Wissenschaft vom Künstlichen" (Herbert Simon), wo nicht mehr bestimmte Gegenstandsbereiche, sondern die **komplexe Vernetzung verschiedenartiger Komponenten** im Zentrum steht.

Wie schon bei der Entstehung des neuzeitlichen Technikbegriffs in der Renaissance, so gilt auch jetzt: "Frühere Handlungsmuster gehen nicht vollständig verloren. Nach wie vor gibt es persönliche Könnerschaft wie auch die Entwicklung neuer Artefakte auf der Basis der Anwendung von Natur- und Technikwissenschaften. (...) Aber es bleibt wohl doch der einschneidende Unterschied erhalten zwischen der (alten) Erfahrung, <u>dass Techniken in Systeme passen müssen</u>, und der neuen, dass **technische Konstruktion immer Konstruktion von und in Systemen ist**." (14)

1.3 Definitionen

Für die nachfolgenden Erörterungen ist es notwendig, Begriffe wie Technik, Technologie, Angepasste Technologie usw. zu definieren. Die jeweilige Bedeutung und die Art der Verwendung dieser Begriffe sind recht unterschiedlich, auch in verschiedenen Sprachkulturen, und sie haben sich im Laufe der Zeit auch geändert. An dieser Stelle verzichten wir darauf, eine Übersicht über diese Definitions- und Bedeutungsvielfalt zu geben. Für unsere Zwecke am geeignetsten scheinen uns die Definitionen, die Kelvin W. Willoughby in seinem Buch "Technology Choice" gegeben hat (15), und wir werden uns zu einem grossen Teil an diese anlehnen.

"Technologie":

Definition: **Mit Technologie wird die Gesamtheit von Artefakten bezeichnet, die dazu bestimmt sind, als relativ effiziente Mittel zu funktionieren.**

Der Begriff "Artefakte" bezeichnet nicht nur materielle Dinge wie Werkzeuge, Apparate, Maschinen und Automaten, sondern auch immaterielle Dinge wie Computer-Programme, in denen Operationsabläufe fixiert sind. Der Einbezug der "Artefakte" in die Definition zeigt auch das menschliche und das soziale Element von Technologie an, ohne Technologie bloss auf einen Aspekt von Gesellschaft zu reduzieren.

Mit dieser Technologie-Definition reduziert man Technologie nicht auf eine reine Kategorie des Wissens und der Information und vermeidet zudem zwei Extreme: Technologie entweder als völlig unabhängig und autonom zu behandeln, oder als etwas, dem jegliche inneren Merkmale und Eigendynamik fehlen. Die Verwendung des Wortes "Mittel" betont die instrumentelle Seite von Technologie und mit "relativ effizient" ist gemeint, dass die Effizienz einer Technologie von einer ganzen Reihe sehr verschiedener Faktoren abhängt.

Im deutschen Sprachraum wird im allgemeinen Technik und nicht Technologie auf diese Art und Weise definiert, und Technologie wird als Wissenschaft von der Technik bezeichnet. Allerdings hat sich auch im Deutschen das Wort Technologie von seiner ursprünglich eng begrenzten Bedeutung hin zu einer beinahe allumfassenden Bezeichnung gewandelt. Die hier gewählte recht präzis umgrenzte Definition von Technologie kommt jener von Technik zwar nahe, aber sie umfasst neben den materiellen Artefakten wie bereits gesagt auch "immaterielle" Dinge wie Programme, in denen Operationsabläufe fixiert sind.

"Technologie-Praxis":

Definition: **Mit Technologie-Praxis werden alle Operationen, Aktivitäten, Situationen oder Phänomene bezeichnet, die in einem bedeutenden Masse Technologie beinhalten.**

Die Adjektiv-Form von "Technologie-Praxis" wird mit **"technologisch"** bezeichnet.

"Technizität":

Definition: **Technizität bezeichnet den Grad der Kopplung der ein technologisches System konstituierenden Elemente bzw. den Grad der Fixiertheit seiner Operationsabläufe.**

Mit dem Begriff der "Technizität" lassen sich jene Phänomene beschreiben, dass einige Technologien "technischer" sind als andere. Mit anderen Worten: der Grad der Technizität variiert von Technologie zu Technologie. Er ist ein eine Technologie näher definierendes Merkmal (aber eine Technologie wird selbstverständlich noch durch andere Merkmale definiert), und gibt für eine Technologie so etwas wie die Verfügbarkeit von Gestaltungsspielräumen bzw. von Wahlmöglichkeiten in ihrer Verwendung an.

"Technisch":

Definition: **Mit technisch werden - menschliche wie nicht-menschliche - Phänomene bezeichnet, die sich auf effiziente, rationale, instrumentelle, spezifische, exakte und zielorientierte Operationen beziehen.**

"Technik":

Definition: **Mit Technik werden solche menschlichen Fertigkeiten und Geschicklichkeiten bezeichnet, die ein bedeutsames technisches Element enthalten.**

"angepasste Technologie":

Definition: **Mit angepasster Technologie wird eine mit ihrem Umfeld (Kontext) verträgliche Technologie bezeichnet, d.h. Artefakte, die derart konzipiert sind, dass sie als relativ effiziente Mittel funktionieren, und eingepasst sind an den für einen bestimmten Ort/Raum und für eine bestimmte Zeitperiode vorherrschenden soziokulturellen, ökonomischen und ökologischen Kontext.**

"Angepasste Technologie":

<u>Definition</u>: **Mit Angepasster Technologie (AT) wird eine Technologie-Praxis bezeichnet, die darauf hinzielt, sicherzustellen, dass Technologie verträglich ist mit ihrem sozio-kulturellen, ökonomischen und ökologischen Kontext.**

Dieser Begriff kann auch verwendet werden, um das allgemeine Konzept, die soziale Bewegung oder die Innovationsstrategie zu bezeichnen, die mit dieser Art von Technologie-Praxis verbunden ist.

Eine Technologie mit dem Adjektiv "angepasst" zu qualifizieren bedeutet, dass sie ohne Bezug zu etwas anderem als sich selbst nicht richtig eingeschätzt und bewertet werden kann. Damit eine Technologie angepasst ist, muss sie also <u>zu</u> etwas angepasst sein oder mit einem Zweck in Übereinstimmung sein. Der Begriff von AT unterstreicht mit Nachdruck, dass eine Technologie nicht in einem materiellen und sozialen Vakuum existiert, und betont ihre Funktion als ein Instrument oder Mittel.

AT bedeutet der praktische Versuch einer integrierenden Sichtweise auf wirtschaftliche, soziale, technologische, kulturelle und ökologische Probleme eines lokalen Gemeinwesens oder einer Region und die Erarbeitung darauf bezogener praktisch-holistischer Antworten. Daraus und aus der Definition von AT ergeben sich eine Reihe von selbstverständlichen Folgerungen:

1. Nicht-Neutralität von Technologie:

Das AT-Konzept besagt, dass Technologien nicht neutral sind, sondern dass in ihnen bestimmte Arten von sozialen und physischen Einwirkungen - und keine anderen - angelegt sind. Umgekehrt: Wird von einer Technologie gesagt, sie sei "neutral", so schliesst dies die Behauptung mit ein, zwischen Zielen und Mitteln gebe es keine funktionale und intrinsische Verknüpfung. Im Gegensatz dazu postuliert und beinhaltet AT gerade, dass zwischen Zielen und Mitteln eine intrinsische und funktionale Beziehung existiert, was mit anderen Worten heisst, dass Ziele und Mittel eben nicht unabhängig voneinander sind.

2. Technologie als bestimmender Faktor:

Die AT-Praxis kann für die Gesellschaft als bestimmender Faktor wirken. Mit anderen Worten: Die Einführung einer neuen, anderen Technologie-Praxis kann auf die Struktur der Gesellschaft einen dynamischen Einfluss ausüben - was nichts zu tun hat mit der Doktrin eines technologischen Determinismus. AT beinhaltet die Anerkennung der wechselseitigen Interdependenz von Technologie und anderen Faktoren in der Gesellschaft.

3. Verschiedenartigkeit von Technologie:

Das AT-Konzept spricht nicht von "der" Technologie als einem gleichsam homogenen Phänomen. Es geht vielmehr davon aus, dass Technologie als eine heterogene Kollektion von Technologien zu betrachten ist, und dass es möglich ist, eine Mannigfaltigkeit von Technologien zu entwickeln, die sich in die verschiedenartigen Umfelder (Kontexte) einpassen lassen.

4. Technologischer Kontext:

Eine weitere Folgerung des AT-Konzepts ist, dass jede Technologie in irgendeinem Kontext operiert, und dieser Kontext an prominenter Stelle unter den Faktoren stehen muss, die die Auswahl und die Ausgestaltung bestimmter Technologien beeinflussen. Die obige Definition von AT verlangt auch, dass bevor eine Technologie definitiv ausgewählt worden ist, um sozio-politischen Zielsetzungen eines Gemeinwesens oder einer Gruppe von Leuten zu dienen, diese Technologie nicht als "angepasst" bezeichnet werden sollte. Damit schliesst das AT-Konzept eine eng gefasste technizistische Vorgehensweise aus.

5. Technologie-Wahl:

Wenn der Kontext einer Technologie identifiziert und die Ziele der technologischen Innovation artikuliert worden sind, bleibt dennoch eine Wahl zwischen alternativen technologischen Mitteln, um diese Ziele zu erreichen. Die Technologie-Wahl ist ein kardinales Merkmal der AT-Innovationsstrategie. (Siehe auch Kap. 4.)

6. Kontrolle von Technologie:

Es ist möglich, dass die Menschen Technologien kontrollieren können. Die Kontrolle von Technologien steht in enger Beziehung zur Verschiedenartigkeit von Technologien und der Möglichkeit der Technologie-Wahl. Nur wenn die Leute Technologien kontrollieren können, macht der Begriff des "Zuschneiderns" von Technologien, so dass sie in die jeweiligen Kontexte hineinpassen, einen Sinn. Das Vermögen der Menschen, Technologien zu kontrollieren, hängt von einer Reihe von Fähigkeiten ab, wie z.B. kritisches Reflexionsvermögen, technologisches Wissen und Können, organisatorisches Talent, politischer Scharfsinn, Fähigkeiten, die gefördert und gepflegt werden müssen, sollen Anstrengungen zur sozialen Kontrolle von Technologien Erfolg haben.

7. Technologiebewertung:

Das Erzielen einer guten Übereinstimmung zwischen einer Technologie und ihrem Kontext erfordert normalerweise die Verwendung von Technologiebewertungs-Verfahren. AT verlangt eine breite Palette von Kriterien, die sowohl qualitativer als auch quantitativer Natur sein können - u.a.. technische Effizienz, Kapitalkosten, Auswirkungen auf die Beschäftigung, sozio-ökonomische Auswirkungen, kulturelle Verträglichkeit, Umwelteinwirkungen, Ressourcenverbrauch, Dauerhaftigkeit. Weiter müssen die betroffenen Bevölkerungsgruppen und lokalen Gemeinwesen in diese Verfahren aktiv miteinbezogen werden.

8. Lokale und regionale Fokussierung in der Technologie-Praxis:

Das AT-Konzept legt ein grosses Gewicht auf eine lokale und regionale Fokussierung in der Technologie-Praxis. Denn die Verschiedenartigkeit der Kontexte hat zur Folge, dass eine Technologie, die mit einem Umfeld in guter Übereinstimmung ist, diese in einem anderen Umfeld nicht erreichen kann. Die Parameter der Einpassung von Technologien in ihre Umfelder müssen in Beziehung mit der realen Situation vor Ort stehen, und können nicht aus abstrakten Prinzipien abgeleitet werden.

1.4 AT als soziale Bewegung

Was immer AT noch sein mag, ob eine spezifische Innovationsstrategie, ein "entwicklungs"philosophischer Denkrahmen usw., AT ist auch eine soziale Bewegung. Als solche ist sie sehr schwer zu beschreiben. Denn sie ist eine relativ junge und offene Bewegung, sie existiert in vielen Ländern der Welt, mit einem untereinander bestenfalls losen Kontakt. Die AT-Bewegung hat auch eine gewisse institutionelle Ausprägung gefunden: So sind in den letzten 10 bis 20 Jahren an vielen Orten in Ländern der Ersten und der Dritten Welt u.a. AT-Zentren (ITDG, ENDA usw.), Zeitschriften (TRANET Newsletter, Appropriate Technology usw.) und Vernetzungsorganisationen (z.B. SATIS-Netzwerk, TRANET-Transnational Network of Appropriate Technologies usw.) entstanden. Die meisten dieser Aktivitäten sind spontan "von unten" entstanden. Empirische Untersuchungen zeigen, dass bereits 1980 weltweit mindestens 1'000 Institutionen unter der Rubrik "angepasste Technologie" operieren.

Aufgrund der mannigfaltigen Arbeiten, Studien, Publikationen usw. (16) der AT-Bewegung darf man konstatieren, dass man mit Angepasster Technologie nicht bloss eine neue Begrifflichkeit über Technologie an sich in die Welt setzen wollte. Vielmehr ging und geht es um eine umfassende politisch-ökonomische Kritik an der Entwicklungsdoktrin für die Erste und Dritte Welt, aber auch um Vorschläge für einen Umbau der heute in den Industrieländern existierenden sozio-technischen Systeme - exemplarisch mögen dafür an die Arbeiten von Ernst Schumacher (17) erinnert werden. Mit dieser breiten Sichtweise sind Fragen nach dem Konzept der Angepassten Technologie aufgeworfen, Fragen, auf die wir im Laufe der weiteren Erörterungen noch näher eingehen werden.

Auffallendes und für viele aussenstehende Beobachter wahrscheinlich eher verwirrendes Merkmal der AT-Bewegung ist, dass sie ein breites Spektrum von ganz unterschiedlichen Ansichten und verschiedenen Interessengruppen in sich vereinigt. Deshalb ist es auch gar nicht so einfach herauszufinden, was denn nun eigentlich die Bewegung zu einem identifizierbaren sozialen Phänomen macht. Vielleicht hängt das damit zusammen, dass Ansätze für ein AT-Konzept - oder besser AT-Konzepte - primär in einem handlungsorientierten Kontext entwickelt worden sind und nicht in der akademischen Welt. Die erfolgreiche Entwicklung von angepassten Technologien (im Sinne der obigen Definition!) war für die Bewegung ein wesentlich grösseres Anliegen als die Ausarbeitung einer systematischen Theorie. Deshalb existiert auch kaum so etwas, was man einen konsistenten Theorierahmen nennen könnte.

Die AT-Bewegung hat sich in zwei Richtungen entwickelt, die aber nicht streng voneinander unterschieden werden können. Eine Richtung befasst sich hauptsächlich mit den Ländern der Dritten Welt und ihren Problemen der wirtschaftlich-technischen und wirtschaftlich-sozialen Entwicklung. Die andere

Richtung konzentriert ihre Arbeit auf die wohlhabenderen Industrieländer und da vor allem auf die sozio-kulturellen und ökologischen Auswirkungen der wirtschaftlichen Entwicklung und befürwortet eine Transformation technologischer Systeme.

In beiden Richtungen gibt es eine breite Palette von Anliegen, Themen und Vorgehensweisen. Dies widerspiegelt die Unterstützung der AT als sozialer Bewegung von vielen Leuten aus allen Ecken der Welt mit sehr verschiedenen Biographien, beruflichen Laufbahnen, politischen Interessen und Weltanschauungen. Dies erklärt zum Teil die Heterogenität von AT als sozialer Bewegung, aber auch ihre Lebendigkeit. Diese beträchtlichen Unterschiede hinsichtlich Perspektiven und Ansichten haben wahrscheinlich aber ebenso sehr mit dem Grundgedanken des AT-Konzepts zu tun, der impliziert, dass die "Angepasstheit" einer Technologie mit der Vielfalt und der Unterschiedlichkeit der Kontexte variiert. Das Zusammenströmen einer grossen Vielfalt von Leuten, die sich mit verschiedenen Problemen in verschiedenen Kontexten und in verschiedenen Teilen der Welt beschäftigen, führt unvermeidlich zu einer Mannigfaltigkeit von Ansichten und Perspektiven. In den nächsten beiden Abschnitten werden die wichtigsten inhaltlichen Ausrichtungen der Anliegen und Arbeiten in der AT-Bewegung dargestellt.

1.5 AT in der Dritten Welt

Im folgenden werden die wichtigsten thematischen Ausrichtungen der Arbeiten der AT-Bewegung in der Dritten Welt skizziert.

Grundbedürfnisse und alternative Entwicklungsstrategien:

Nach zwei Jahrzehnten ehrgeiziger wirtschaftlicher Entwicklungsprogramme wurde unübersehbar deutlich, dass der Industrialisierungsprozess nur sehr wenig zur Linderung der Armut in ländlichen Regionen und in den Metropolen beigetragen hatte. Die Vorteile des Wachstums des modernen Sektors kamen fast ausnahmslos nur diesem selbst zugute. Für die Befriedigung nur der lebenswichtigsten Grundbedürfnisse der armen und ärmsten Bevölkerung gab es keinerlei Programme. Dies führte in den 70er Jahren eine Anzahl von Organisationen und Personen dazu, einer Abkehr von konventionellen Entwicklungsstrategien das Wort zu reden. Sie plädierten stattdessen für eine kombinierte soziökonomische und politische Strategie, die die Befriedigung von materiellen und nicht-materiellen Grundbedürfnissen in möglichst kurzer Zeit und die Beseitigung von Armut und Arbeitslosigkeit ins Zentrum stellt. Diese Strategie - im allgemeinen als **Grundbedürfnis-Strategie** (18) bezeichnet - beinhaltet im wesentlichen die Schaffung von Zugangsmöglichkeiten

- für lebenswichtige Güter wie Nahrungsmittel, Bekleidung, Wohnen usw.;

- für immaterielle Dienste wie Ausbildung, Gesundheit, sauberes Wasser, Kommunikation usw.;

- zu produktiver Beschäftigung (incl. Eigenarbeit);

- zu einer Infrastruktur, die die Herstellung bzw. Bereitstellung der erforderlichen Güter und Dienste sowie die Verbesserung aller produktiven Kräfte ermöglicht; und

- zu aktiven Teilhabe an der Entscheidungsfindung und Umsetzung von Projekten.

Die wohl wichtigsten charakteristischen Merkmale von Technologien, die im Einklang mit den Erfordernissen einer Gründbedürfnis-Strategie stehen, sind, dass

- sie in technologischer Hinsicht das Selbst-auf-sich-verlassen-können ("Self-Reliance") in den Regionen der Dritten Welt aufbauen helfen, und

- dazu beitragen, dass der moderne und der traditionelle Sektor einer regionalen Wirtschaft besser ineinander integriert sind, so dass die Produktivitäts- und Technologieunterschiede zwischen den beiden Sektoren sich verringern.

Als wesentliche Voraussetzungen, um dies zu erreichen, werden hauptsächlich angesehen

- die Verringerung der Kapitalintensität und der Skalengrösse von Technologien, und

- eine derartige Konzipierung und vereinfachende Ausgestaltung von Produkten und Produktionsprozessen, dass viel mehr technologische Wahlmöglichkeiten eröffnet werden.

Die Grundbedürfnis-Strategie hat zahlreiche Erweiterungen und Verfeinerungen erfahren. So wurde beispielsweise mit dem Konzept **"Another Development"** (19) der Dag Hammarskjöld-Stiftung die Grundbedürfnis-Strategie um die Dimension der ökologischen und Umweltaspekte erweitert. "Another Development" ist eine Strategie für die soziale und wirtschaftliche Entwicklung, die auf drei Elementen beruht:

- der Befriedigung von Grundbedürfnissen, angefangen mit der Beseitigung der Armut;

- Aktivitäten und Programmen, die "Self-Reliance" befördern und vorwiegend einheimische Potentiale nutzen;

- Übereinstimmung mit den Erfordernissen der Umwelt.

Diese Prinzipien sind u.a. auch enthalten und verfeinert im Konzept einer **"Öko-Entwicklung"** (20) des CIRED in Paris.

In eine etwas andere Richtung innerhalb der AT-Bewegung stossen Ansätze, die als Kerngedanken die politische und kulturelle Freiheit haben. Am bekanntesten dafür dürften die Arbeiten von Ivan Illich sein, vor allem mit seinem Begriff der **"konvivialen Werkzeuge"** (21). Damit will Illich solche Technologien bezeichnen, die politisch unabhängigen und in einer "konvivialen Gesellschaft" lebenden Individuen dienen. Mit "konvivialer Gesellschaft" beschreibt er eine Gesellschaft, die durch autonome und kreative Beziehungen zwischen Menschen und zwischen Menschen und ihrer Umwelt charakterisiert ist.

Innerhalb der AT-Bewegung in und für die Dritte Welt gibt es eine Strömung, die als Ausgangspunkt die psychischen, sozialen und kulturellen Bedürfnisse der dort lebenden Menschen nehmen, insbesondere von jenen, die unterdrückt werden. Die Vertreter dieser Strömung machen sich im weitesten Sinne eine politische Analyse der Zustände zu eigen, und betrachten tendenziell Technologien sowohl als Produkt menschlicher Kulturen als auch als einen Einfluss auf Kulturen ausübend. Ihr Hauptaugenmerk richten sie auf die Förderung von Bedingungen für die Entwicklung von Technologien, technischen und sozialen Innovationen innerhalb abhängiger Kulturen, die zu grösserer Vitalität, Unabhängigkeit und Freiheit in diesen Kulturen führen. Diese Aspekte werden als wichtiger eingestuft als die Steigerung wirtschaftlichen Wachstums an sich.

Klein-Industrien:

Ein nächster Schwerpunkt von AT-Projekten liegt im Bereich des Aufbaus von Kleinindustrien (22). Ihre unbestrittenen Vorteile sind:

- sie können auch im Falle von nur kleinen Märkten operieren;

- das erforderliche Niveau der Gesamtkapitalisierung für den Aufbau einer lokalen Industrie ist geringer;

- die Stabilität und Sicherheit einer lokalen Ökonomie ist grösser mit einer grösseren Anzahl von diversifizierten Kleinindustrien statt mit einem oder zwei grossen Industriebetrieben;

- die organisationellen und administrativen Hindernisse für die Förderung von Wirtschaftsaktivitäten sind geringer;

- die Chancen der Teilnahme von lokalen Unternehmern und Investoren sind grösser;

- die Chancen für arbeitsintensivere Beschäftigungsformen sind grösser als bei grossen Unternehmen.

Zusammenfassend kann man konstatieren: Aus der Tatsache, dass ländliche Dörfer und Regionen klein bzw. vergleichsweise dünn besiedelt sind, und dass sie in der Regel von den Vorteilen eines unmittelbaren Zugangs zu grossen urbanen Märkten für nicht-landwirtschaftliche Produkte ausgeschlossen sind, folgt, dass sich Kleinindustrien für den Kontext ländlicher Regionen wesentlich besser eignen. Angesichts rasch wachsender armer und ärmster Bevölkerungsgruppen in urbanen Regionen, die vom dortigen Wirtschaftswachstum kaum profitieren, beginnen Kleinindustrien auch dort an Bedeutung zu gewinnen. Jedenfalls stehen Kleinindustrien mit Selbsthilfe- und "bottom-up"-Strategien für die Schaffung von Beschäftigungsmöglichkeiten und Einkommen in viel grösserer Übereinstimmung.

Eine wichtige und notwendige Voraussetzung dafür, dass Kleinindustrien effizient und wettbewerbsfähig operieren können, ist die Verfügbarkeit von entsprechend geeigneten Technologien. Aus der Überzeugung heraus, dass eine grössere Rolle von Kleinindustrien die Aussichten für eine wirtschaftliche Entwicklung mit expandierenden Beschäftigungsmöglichkeiten und gleichmässigeren Einkommensverbesserungen für die Bevölkerung vergrössern würde, haben viele AT-Gruppen Programme zur Herstellung, Adaption und zum Transfer von für Kleinindustrien geeigneten Technologien aufgebaut.

Allerdings sind geeignete Technologien allein noch keine Garantie für die Effektivität von Kleinindustrien. Hinzu müssen noch eine Reihe anderer Faktoren kommen, die eine wichtige Rolle für den Erfolg von Kleinunternehmen spielen, wie z.B.

- Managmentfähigkeiten;

- Fähigkeiten und Fertigkeiten im Umgang mit Technologien;

- Verfügbarkeit erforderlicher Ressourcen;

- regionales und internationales wirtschaftliches Klima;

- lokale und regionale Kulturmuster und Verhaltensweisen.

AT-Projekte zur Förderung von Kleinindustrien waren dann am erfolgreichsten, wenn eine **integrative Strategie** gewählt wurde, die sowohl technologische als auch nicht-technologische Betrachtungen und Faktoren miteinbezog.

Dorf-Technologie:

Ein weiterer Schwerpunkt innerhalb der AT-Bewegung ist das zur-Verfügungstellen von technischen Diensten, die spezifisch auf die Bedingungen und Bedürfnisse von ländlichen Dörfern in der Dritten Welt zugeschnitten sind (23). Denn trotz des überaus explosiven Wachstums von grossen Städten und Megalopolen leben schätzungsweise nach wie vor weit über 70 Prozent der Bevölkerung in Dörfern. Auch wenn es selbstverständlich zutrifft, dass man auf der Dorfebene längst nicht alle wirtschaftlichen Erfordernisse in den Griff bekommen kann, so sind doch kleine Dorfindustrien und Dorftechnologien ganz offensichtlich eine wesentliche Voraussetzung für die Verbesserung der wirtschaftlichen Selbsthilfe im traditionellen (informellen) Sektor. Es wäre also für Technologie- und Technologieförderungsprogramme, die die Verbesserung der wirtschaftlichen Aussichten von armen Bevölkerungsgruppen zum Ziel hat, höchst kontraproduktiv, die Dorfebene mit ihrer besonderen Dynamik, ihren Ressourcen und Problemen zu vernachlässigen oder gar zu ignorieren, vor allem auch deshalb, weil gerade auf dieser Ebene die Frauen und ihre Interessen in die Technologieentwicklung aktiv miteinbezogen werden können und sollten, sind sie es doch, die im informellen Sektor überwiegend die

Hauptarbeitslast tragen. So ist es denn auch keinesfalls erstaunlich, dass sehr viele AT-Projekte gerade auf der Dorfebene angesiedelt sind.

Energie:

Als in den Jahren 1973/74 die Erdölpreise drastisch anstiegen, begann - wohl zum ersten Mal in diesem Jahrhundert - eine weltweit intensive Debatte über Energiefragen. Diese Situation war der wesentliche Auslöser für das Entstehen eines bedeutenden Stranges innerhalb der AT-Bewegung, der sich hauptsächlich mit technologiebezogenen Aspekten der Energieproblematik für die Dritte Welt befasste, sind doch die Aussichten für diese Länder und ihre Ökonomien unbestritten eng mit der Energiefrage verknüpft. Jedenfalls wurde und wird sehr viel fundierte energiebezogene Forschung, Entwicklung und Engineering unter der Rubrik "Angepasste Technologie" durchgeführt und gleichzeitig untermauert mit detaillierten Untersuchungen der jeweiligen sozio-ökonomischen Kontexte. Plädiert wird für eine Verringerung der Abhängigkeit von nicht-erneuerbaren Energieträgern (hauptsächlich Erdöl) und für eine Schwerpunktverlagerung hin zu vemehrten Energieeinsparungen, rationeller Energienutzung und zum verstärkten Einsatz von erneuerbaren Energien. (24)

Mit ihren konkreten Arbeiten in zahlreichen Ländern der Dritten Welt wurde u.a. auch deutlich, dass wenn die Bemühungen weniger auf einen beschleunigten Ausbau von grossen Energieversorgungskapazitäten gelegt werden, und dafür grössere Anstrengungen unternommen werden, eine sorgfältige Abklärung der spezifischen Energiebedürfnisse der Bevölkerung durchzuführen und grössere Energieeffizienzen zu erreichen, dass dann neue Wege der Befriedigung der Energiebedürfnisse mit dezentralisierten Energiesystemen sich eröffnen und technisch realisierbar, wirtschaftlich wesentlich kostengünstiger und umweltverträglicher sind, und die lokale Entwicklung fördern. Heute ist das Bewusstsein für die Wichtigkeit solcher Projekte stark gestiegen, und es liegen hinreichend positive Erfahrungen vor, die die technische Machbarkeit einer solchen Vorgehensweise demonstrieren.

Nahrungsmittel und Gesundheit:

Erfahrungen mit Hungersnöten in armen Regionen der Dritten Welt haben dazu geführt, dass der Anbau von Nahrungsmitteln in diesen Regionen eine hohe Priorität erhielt. Um die Aussichten auf einen hohen Selbstversorgungsgrad in der Ernährung zu erhöhen, wird wiederum eine relativ effiziente Technologie benötigt, die erstens für die Bauern erschwinglich, und zweitens verträglich ist mit den lokal oft harten Umwelt- und Ressourcenbedingungen. Eine derartige Technologie erhält eine noch grössere Bedeutung, wenn die Bauern in der Lage sind, genügend landwirtschaftliche Überschüsse zu produzieren und das Subsistenzniveau in ihrer Lebensfristung zu überschreiten.

Beträchtliche Forschungs- und Entwicklungsaktivitäten haben das beträchtliche Potential für wachsende Produktivitäten und lokale "Self-Reliance" in der Landwirtschaft mit Hilfe von derartigen Technologien aufgezeigt. Hinzu kommen ausgedehnte Arbeiten in den Bereichen Nahrungsmittellagerung und -verarbeitung, Bewässerung, Düngemittel, Viehhaltung, Aquakultur usw., aber auch eine beachtliche Palette an einfachen und erschwinglichen Technologien für die Gesundheitsversorgung. Hindernisse auf dem Weg der Realisierung sind nicht primär technologischer Art, sondern Probleme mit Verhaltensweisen, der Verbreitung von Technologien und dem Aufbau des notwendigen einheimischen Erfahrungswissens sowie der Politik. (25)

Transport und Bauen:

Zwei weitere Interessenfelder, die zur Entwicklung der AT-Bewegung in der Dritten Welt beigetragen haben, sind Transport und Bauen. (26) In beiden Fällen war das Hauptanliegen die Verbesserung und Förderung von Technologien und Produkten, die für die armen Bevölkerungsschichten erschwinglich sind.

Im Bereich Transport wurden einfache, billige und arbeitsintensive Methoden für den Bau von Strassen und Brücken entwickelt, unter Verwendung von einheimischen Materialien. Daneben spielten auch billige und lokale hergestellte Transportnmittel - häufig auf der Basis der Fahrrad-Technologie - eine wichtige Rolle.

Im Bereich des Bauens wurde das Schwergewicht hauptsächlich auf solche Techniken, Materialien und Konstruktionen gelegt, die das Selbstbauen der Bewohner ermöglichten. Darüberhinaus sollten die Bauten an die lokal herrschenden Bedingungen (Lebensstile, Sicherheit, Umwelt etc.) angepasst sein.

1.6 AT in Industrieländern

Eine einigermassen konsistente Charakterisierung der AT-Bewegung in Industrieländern ist aufgrund ihrer Heterogenität und ihrer Dynamik ausserordentlich schwierig. Hinzu kommt, dass die meisten AT-Organisationen nicht ausschliesslich für Industrieländer arbeiten. Einer OECD-Untersuchung kann man entnehmen, dass weniger als 40% der weltweiten Aktivitäten von in Industrieländern ansässigen AT-Organisationen sich auf Industrieländer konzentrieren. Im folgenden sollen die wichtigsten Arbeitsthemen der AT-Bewegung in Industrieländern skizziert werden.

Angepasste Technologie und die technologische Gesellschaft:

Ein wesentlicher Antrieb für Angepasste Technologie in Industrieländern war die Suche nach Antworten auf das Wachstum dessen, was man in Anlehnung an Jacques Ellul (27) die **technologische Gesellschaft** nennen könnte. In der allgemeinen Literatur über die technologische Gesellschaft kann man grob zwei Denkschulen ausmachen. Eine Schule hat die Tendenz, das Wachstum von Technologien in unseren Gesellschaften als Bedrohung für die menschliche Gesundheit und für die Kultivierung spezifisch menschlicher Eigenschaften (persönliche Kreativität, individuelle Freiheit, Selbstbewusstsein etc.) anzusehen. Eine andere Schule skizziert die zunehmend technologische Natur unserer Zivilisation als einen authentischen Ausdruck der menschlichen Entwicklung und ein zentrales Charakteristikum des Fortschritts der Menschheit. Beide Denkschulen anerkennen die Existenz von menschlichen und von Umweltproblemen: Die erste sieht jedoch das technologische Wachstum als Ursache für solche Probleme, während die zweite die Intensivierung der technologischen Gesellschaft als eine Vorbedingung für ihre Lösung sieht. Die AT-Bewegung kann man als Teil einer dritten Denkschule betrachten, die beide obige Extreme vermeiden will. Während Anhänger der ersten Denkschule tendenziell eine Verringerung des Spielraums für Technologie befürworten und jene der zweiten Denkschule einer weiteren Zunahme eben dieses Spielraums das Wort reden, befassen sich die Vertreter der AT-Denkrichtung mit der **Richtung** der Technologie-Praxis, der **Natur** und **Kontrolle** einer spezifischen Technologie. Angepasste Technologie steht also einmal in Übereinstimmung mit den Ansichten jener, die die technologische Gesellschaft insoweit anprangern, als Technologien Mensch und Umwelt beeinträchtigen, und zum anderen auch mit jenen, die Technologien als ein Mittel für menschliche Erfüllung und zur Verbesserung von Umweltbedingungen anpreisen.

Viele Kritiker der technologischen Gesellschaft setzen Technologie und Humanität einander entgegen. Humanität wird meistens typisiert als: Spontaneität, Subjektivität, Freiheit, Individualität, persönliche Autonomie, lebendige Prozesse, Offenheit, Kommunikation, Selbstbewusstsein, Spiritualität, Transzendenz, Kreativität, Unterschiedlichkeit. Im Gegensatz dazu wird Technologie typisiert als Verkörperung von Ordnung, Eindimensionalität, Objektivität, Festlegung, Uniformität, Automatismus, Mechanismus, geschlossene und lineare Prozesse, unbewusste Informationsverarbeitung und -transfer, rein instrumentell-zweckgerichtetes Handeln. Um allmählich zu einer Übereinstimmung zwischen diesen beiden als Gegensätze gesehenen Polen zu kommen, plädieren eine Reihe von eher philosophisch orientierten Leuten für eine **"Humanisierung der Technologie"**.

Für die AT-Bewegung in Industrieländern standen im Gegensatz zu jener in der Dritten Welt **Umweltprobleme** immer an prominenter Stelle der Anliegen. (28) Das erklärt, weshalb ausser der Energiefrage als zentralem Aktivitätsschwerpunkt die meisten AT-Gruppen, die im urban-industriellen Milieu tätig waren, sehr viele Projekte zu Fragen von Gartenbau in der Stadt, Aquakultur, innovativen Formen der Kleinlandwirtschaft und der Nahrungsmittelversorgung sowie zur gesamten Abfall- und Recycling-Problematik durchführten. Aus den praktischen Erfahrungen mit solchen Projekten stammte die rasch wachsende Tendenz, sozio-kulturelle und Umweltprobleme als miteinander eng verknüpft anzusehen. Darüberhinaus haben zahlreiche AT-Gruppen mit ihrer Arbeit dazu beigetragen, dass heute umfangreiche empirische Beweise für die wirtschaftliche und technologische Lebensfähigkeit einer ökologischen Landwirtschaft vorhanden sind, und sie haben damit gleichzeitig auch massgeblich zu einer positiven internationalen Meinungsbildung zu diesen Fragen beigetragen.

In den letzten beiden Jahrzehnten ist das Interesse an Fragen der öffentlichen Kontrolle von Technologie und der Entscheidungsfindung in der technologischen Entwicklung sprunghaft angestiegen. Mit wachsendem Bewusstsein der sozialen Kosten des technologischen Wandels wurden Rufe nach systematischen Anstrengungen laut, Technologien und ihre Folgen ein- und abzuschätzen, bevor sie in grossem Masstab in die Welt gesetzt werden. Zahlreiche Kritiken an den von technologischen Experten dominierten Vorgehensweisen in der technologischen Entscheidungsfindung kamen zum Schluss, dass eine öffentliche Beteiligung der Bürger an technologiebezogenen Entscheidungsfindungen nottut. Die AT-Bewegung hat in diesem Zusammenhang aufgrund ihrer mannigfaltigen Erfahrungen darauf hingewiesen, dass einige Technologien für eine partizipative Demokratie förderlicher sind als andere: Faktoren wie z.B. Kosten, Skalengrösse, Komplexität, Verständnis- und Kontrollmöglichkeiten durch Nicht-Experten spielen dabei eine gewichtige Rolle. Eine Demokratisierung in Angelegenheiten, die die Entwicklung und den Einsatz von Technologien betreffen, ist aber nur denkbar, wenn die realen Individuen auch über die Möglichkeiten und die Fähigkeiten verfügen, technische Prozess zu verstehen und zu beherrschen, nicht bloss als formales Recht, sondern als gelebte Realität. Die Form der Technologie ist ein begrenzender oder ein förderlicher Faktor für die Ausübung von partizipativer Demokratie. (29)

Energie:

Die Beschäftigung mit Energiefragen gehört fast in der gesamten AT-Bewegung mit zu den wichtigsten Tätigkeitsgebieten. Nach der Ölkrise von 1973 waren es hauptsächlich Vertreter der AT-Bewegung, die als erste die Energieproblematik in ihrer Gesamtheit thematisierten, mögliche Energiezukünfte beschrieben und konkrete Handlungsstrategien ausarbeiteten. Der Zusammenhang zwischen Energie und Angepasster Technologie in Industrieländern kann am besten anhand der von Amory Lovins skizzierten Vorstellungen von "weichen" versus "harten" Energiesystemen dargestellt werden. Überhaupt müssen die Arbeiten von Lovins als wegweisend für das allmähliche Umlenken von Energiesystemen in eine "sanftere" Richtung aus ethischen und technisch-ökonomischen Gründen angesehen werden; sie haben die AT-Bewegung im Norden ganz erheblich beeinflusst. (30)

Arbeitslosigkeit und Armut:

Als in den späten 70er Jahren die strukturelle Arbeitslosigkeit erhebliche Ausmasse angenommen hatte und zu einem politischen Thema wurde, begann in zahlreichen Ländern eine kleine Anzahl von Organisationen (u.a. National Center for Appropriate Technology in USA, ITDG und Greater London Council in UK) spezielle Programme zu entwickeln, die vor allem die Mobilisierung solcher Technologien zum Ziel hatten, die speziell für die Bedürfnisse von Gemeinden und Personengruppen geeignet waren, die unter Arbeitslosigkeit und Armut litten. Wie schon in Ländern der Dritten Welt, waren auch hier wesentliche strategische Elemente für die wirtschaftliche Entwicklung und die Schaffung von Arbeitsplätzen "Self-Reliance" und Partizipation. Derartige

Programme haben auf der Ebene konkreter Projekte oft andere wichtige AT-Themen aufgegriffen, wie z.B. Technologien für die Nutzung erneuerbarer Energien, Ressourceneinsparungen und Recycling, und Förderung von Kleinindustrien.

Technologie-Praxis im Gemeinwesen:

Eine der vielen Strömungen innerhalb der AT-Bewegung tritt für eine spezifische Ausrichtung von Angepasster Technologie ein und redet einer Technologie-Praxis im Gemeinwesen das Wort. (31) Dieser Begriff will dreierlei zum Ausdruck bringen:

- Technologien sollten bewusst konzipiert, entwickelt und ausgewählt werden, um sich nach den eigentlichen Bedürfnissen eines Gemeinwesens im ganzen richten zu können, und nicht nach jenen einer kleinen Elite oder aufgrund irgendwelcher technologiebezogener "Sachzwänge";

- "Technologiepraxis im Gemeinwesen" steht im Einklang mit jener wichtigen Thematik innerhalb der AT-Bewegung, dass das einzelne lokale Gemeinwesen - von der Nachbarschaft bis zur Stadt - als sozioökonomische Einheit eine spezielle Aufmerksamkeit erfahren und nicht in nationalen oder internationalen Wirtschaftsaggregaten verschwinden sollte;

- Dieser Begriff zeigt weiter an, dass in Industrieländern neben der formellen Ökonomie die informelle Ökonomie an Bedeutung gewinnt und wieder stärker ins Bewusstsein tritt. (Schätzungen vermuten, dass ungefähr ein Drittel oder sogar die Hälfte der insgesamt geleisteten Arbeit in urban-industriellen Gesellschaften im informellen Sektor geleistet wird.)

Technologie-Praxis im Gemeinwesen bezeichnet also jene technologischen Mittel, mit deren Hilfe die Leute Wohlstand erzeugen, die Lebenshaltungskosten verringern, ihre Arbeitskreativität zum Ausdruck bringen, und sich innerhalb der lokalen und kleinregionalen formellen und informellen Ökonomie mit anderen Menschen in Verbindung setzen können.

Literatur:

(1) E.F. Schumacher: "Small is Beautiful. Economics as if People Mattered", New York 1975

(2) G. Myrdal: "Asian Drama. An Inquiry into the Poverty of Nations", New York 1968, S. 1868

(3) Cocoyoc-Erklärung 1974, zirkulierte als Dokument der UN-Vollver-sammlung (A/C 2/292), abgedruckt in: "Self-Reliance. A Strategy for Development", J. Galtung et al. (eds.), Institute of Development Studies, Geneva 1980

(4) J. Galtung et al. (eds.): "Self-Reliance. A Strategy for Development", Institute of Development Studies, Geneva 1980, S. 223

(5) A. K. N. Reddy: "Problems in the generation and diffusion of appropriate technologies: a conceptual analysis", Science and technology for integrated development, Committee on science and technology in developing countries, Indian Institute of Science, Bangalore, India 1977, S. 127-129

(6) W. Krohn: "Die Verschiedenheit der Technik und die Einheit der Techniksoziologie", in: P. Weingart (hrsg.): "Technik als sozialer Prozess", S. 17

(7) W. Krohn, a.a.O., S. 21

(8) W. Krohn, a.a.O., S. 23

(9) W. Krohn, a.a.O., S. 27

(10) W. Krohn, a.a.O., S. 30

(11) W. Krohn, a.a.O., S. 33

(12) W. Krohn, a.a.O., S. 34

(13) W. Krohn, a.a.O., S. 36

(14) W. Krohn, a.a.O., S. 37/38

(15) K. W. Willoughby: "Technology Choice", Boulder 1990

(16) A.S. Bhalla: "Towards Global Action for Appropriate Technology", Oxford 1979; A.S. Bhalla et al. (eds.): "Blending of New and Traditional Technologies", Dublin 1984; W. Bierter: "Konzepte und Grundlagen Angepasster Technologien", in: Der Tropenlandwirt, Zeitschrift

für Landwirtschaft in den Tropen und Subtropen, Beiheft Nr. 13, 1979, Witzenhausen/BRD, und "Angepasste Technologien", in "Eigener Haushalt und bewohnter Erdkreis", H. Dauber und W. Simpfendörfer (Hrsg.), Wuppertal, 1981, und "Angepasste Technologie - Wege zu einer bedürfnisgerechten Technik", in: "psychosozial", Reinbek, Mai 1983; G. Boyle: "Community Technology", Milton Keynes 1978; Canadian Hunger Foundation and Brace Research Institute: "A Handbook on Appropriate Technology", Ottawa 1976; M.Carr (ed.): "The AT Reader: Theory and Practice in Appropriate Technology", London 1985; Commonwealth Secretariat: "Rural Technology in the Commonwealth: A Directory of Organizations", London 1980; R. J. Congdon (ed.): "Introduction to Appropriate Technology", Emmaus 1977; K. Darrow/R.Pam: "Appropriate Technology Sourcebook", Stanford 1976; D. Dickson: "Alternative Technology and the Politics of Technical Change", London 1974; P.D. Dunn: "Appropriate Technology", London 1978; N Jéquier: "Appropriate Technology: Problems and Promises", Paris 1976; M Gamser et al. (Hrsg.): "Tinkrer, Tiller, Technical Change. Technologies from the people", London 1990; N. Jequier/G. Blanc: "Appropriate Technology Directory", Paris 1979, und "The World of Appropriate Technology", Paris 1983; R. Kaplinsky: The Economies of Small. Appropriate technology in a changing world", London 1990; F.A. Long/A. Oleson (eds.): "Appropriate Technology and Social Values: A Critical Appraisal", Cambridge/Mass. 1980; B. Mathur: "International Directory of Appropriate Technology Resources", Washington D.C. 1978; G. McRobie: "Small is Possible", London 1981; W. Riedijk (ed.): "Appropriate Technology for Developing Countries", Delft 1982; A. Robinson: (ed.): "Appropriate Technologies for Third World Development", London 1979; H. Singer: "Technologies for Basic Needs", Genf 1978; I. Smillie: "Mastering the Machine. Poverty, Aid and Technology", London 1991; R.W. Stevens (Hrsg.): "Appropriate Technologies. A Focus for the Nineties", New York 1991; F. Stewart: "Technology and Underdevelopment", London 1977; United Nations Environment Programme: "Institutions and Individuals Active in Environmentally Sound and Appropriate Technologies", Nairobi 1978; United Nations Industrial Development Organization: "Monographs on Appropriate Industrial Technology", Number 1-12, New York 1979; E.U. von Weizsäcker et al. (eds.): "New Frontiers in

Technology Application. Integration of Emerging and Traditional Technologies", Dublin 1983.

(17)   E. Schumacher: "Small is Beautiful: A Study of Economics as if People Mattered", London 1973; "Good Work", New York 1979.

(18)   W. Bierter: "Angepasste Technologie - Wege zu einer bedürfnisgerechten Technik", in: "psychosozial", Reinbek, Mai 1983; A.S. Bhalla: "Technologies for Basic Needs", in: "Towards Global Action for Appropriate Technology", ed. A.S. Bhalla, Oxford 1979; M. Carr (ed.): "The AT Reader: Theory and Practice in Appropriate Technology", London 1985; International Labor Office: "Employment, Growth and Basic Needs: A One-World Problem", Genf 1977; H. Singer: "Technologies for Basic Needs", Genf 1977.

(19)   F.H. Cardoso et al.: "Another Development: Approaches and Strategies", Uppsala 1977

(20)   I. Sachs: "Strategies de l'ecodeveloppement", Paris 1980; I. Sachs et al.: "Initiation a l'Ecodeveloppement", Toulouse 1981; R. Ridell: "Ecodevelopment. Economics, Ecology and Development", Westmead 1981

(21)   I. Illich: "Tools for Conviviality", New York 1973

(22)   A.S. Bhalla (ed.): "Technology and Employment in Industry", Genf 1975; M. Carr: "Appropriate Technology for Rural Industrialization", London 1981; M. Carr (ed.): "The AT Reader: Theory and Practice in Appropriate Technology", London 1985; R.K. Diwan/D. Livingston: "Alternative Development Strategies and Appropriate Technology: Science Policy for an Equitable World Order", New York 1979; D.H. Frost: "Appropriate Industrial Technology: An Integrated Approach", in: "Conceptual and Policy Framework for Appropriate Industrial Technology", Monographs in Appropriate Industrial Technology, No. 1, UNIDO (ed.), New York 1979; OECD: "Transfer of Technology for Small Industries", Paris 1974; A. Robinson (ed.): "Appropriate Technologies for Third World Development", London 1979; F. Stewart: "Technology and Underdevelopment", London 1977.

(23)   Zum Beispiel: Appropriate Technology Development Association: "Appropriate Technology Directory", Vol. 1, Lucknow/India 1977;

Canadian Hunger Foundation and Brace Research Institute: "A Handbook on Appropriate Technology", Ottawa 1976; K. Darrow/R. Pam: "Appropriate Technology Sourcebook", Stanford 1976; Rural Communications Service: "Village Technology"; South Pacific Appropriate Technology Foundation: "Liklik Buk. A Rural Development Handbook: Catalogue for Papua New Guinea", Boroko 1977; Volunteers in Technical Assistance: "Village Technology".

(24)   W. Bierter: "Energy-efficiency: A Key Strategy for Creating a Sustainable Energy Future, Improving the Environment and Furthering Economic Development", in: "Energy Y Desarrollo", Primer Congreso Nacional De Energia, Chile, Santiago 1990; W.U. Chandler:Energy Productivity: Key to Environmental Protection and Economic Progress", World Watch Paper 63, Washington D.C. 1985; J. Drevon and D. Thery: "Ecodevelopment and Industrialization: Renewability and New Uses of Biomass", Ecodevelopment Studies 9, CIRED, Paris 1977; P.D.Dunn: "Energy in Rural Areas: An Intermediate Technology Approach", in: "Introduction to Appropriate Technology: Toward a Simpler Life-Style", R.J. Congdon (ed.), Emmaus 1977; C. Flavin: "World Oil: Coping with the Dangers of Success", Worldwatch Paper 66, Washington D.C. 1985, und "Electricity for a Developing World: New Directions", Worldwatch Paper 70, Washington D.C. 1986; R. Merchert (ed.): "Using Renewable Energy Resources in Developing Countries", Berlin 1980; National Academy of Sciences: "Energy for Rural Development: Renewable Resources and Alternative Technologies for Developing Countries" Washington D.C. 1976.

(25)   L.R. Brown/E.C. Wolf: "Reversing Africa's Decline", Worldwatch Paper 65, Washington D.C. 1985; M. Carr (ed.): "The AT Reader: Theory and Practice in Appropriate Technology", London 1985, S. 133-186; P.D. Dunn: "Appropriate Technology", London 1978, S. 55-84; G. McRobie: "Small is Possible", London 1981, S. 46-51; F. Moore-Lappé/J. Collins: "Food First: Beyond the Myth of Scarcity", Boston 1977.

(26)   J.P.M. Parry: "Intermediate Technology Building", in: "Introduction to Appropriate Technology: Toward a Simpler Life-Style", R.J. Congdon (ed.), Emmaus 1977, S. 53-62; H.Schreckenbach: "Construction Technology. For a Tropical Developing Country", GTZ, Eschborn; J.F.C.

Turner: "Housing by People: Towards Autonomy in Building Environments", London 1976; United Nations Centre for Human Settlements (Habitat): "Small-Scale Building Materials Production in the Context of the Informal Economy", Nairobi 1984.

(27) J. Ellul: "The Technological Society", New York 1964, und "The Technological Bluff", Grand Rapids 1990

(28) S. Brand (ed.): "The Updated Last Whole Earth Catalogue: Access to Tools", New York 1974; Rachel Carson: "The Silent Spring", London 1963; B. Commoner: "The Closing Circle", New York 1971; D. Hayes: "Repairs, Reuse, Recycling: First Steps Towards a Sustainable Society", World Watch Paper 23, Washington D.C. 1978; Zeitschriften wie Journal of the New Alchemists, Mother Earth News, Rain, Self-Reliance, The CoEvolution Quarterly, the Ecologist, Undercurrents.

(29) W. Bierter: "Plädoyer für eine demokratische Technikkultur", Vortrag an der Fachkonferenz IG Metall "Wie wollen wir morgen arbeiten und leben ? Perspektiven der sozialen Gestaltung von Arbeit und Technik", 6./7. Mai 1988 in Frankfurt in: "Technologieentwicklung und Techniksteuerung. Für die soziale Gestaltung von Arbeit und Technik", Industriegewerkschaft Metall, (Hrsg.), Bund-Verlag, Köln 1988, und "Notwendige Kehre zu einer demokratisch fundierten und legitimierten Technologie- und Wissenschaftspolitik", in: Helmar Krupp (Hrsg.): "Technologiepolitik angesichts der Umweltkatastrophe", Physica-Verlag, Heidelberg 1990, und in: U. Sarcinelli (Hrsg.) "Demokratische Streitkultur", Bundeszentrale für politische Bildung, Bonn 1990; M. Cooley: "Architect or Bee? The Human/Technology Relationship", Sidney 1980; T. R. Burns/R. Ueberhorst: "Creative Democracy: Systematic Conflict Resolution and Policymaking in a World of High Science and Technology", New York 1988

(30) D. Hayes: "Rays of Hope: The Transition to a Post-Petroleum World", New York 1977, und "The Solar Energy Timetable", Worldwatch Paper 19, Washington D.C. 1978; G. Leach et al.: "A Low Energy Strategy for the United Kingdom", London 1979; A.B. Lovins/J.H. Price: "Non-Nuclear futures: The Case for an Ethical energy Strategy", San Francisco 1975; A.B. Lovins: "World Energy Strategies: Facts, Issues

and Options", San Francisco 1975, und "Soft Energy Paths: Toward a Durable Peace", San Francisco 1977.

(31) G. Boyle: "Community Technology"; K.Hess: "Community Technology", New York 1979; D. Morris/K. Hess: "Neighborhood Power: the New Localism", Boston 1975; D. Morris: "Self-Reliant Cities: Energy and the Transformation of Urban America", San Francisco 1982; J. Robertson: "The Sane Alternative: Signposts to a Self-fulfilling Future", London 1978; J. Simpson with K. Bossong: "Appropriate Community Technologies Sourcebook", Vol. 1, Washington D.C. 1980.

2. Kritik an AT: eine zusammenfassende Darstellung und Bewertung

Angepasste Technologie ist also eine ernsthafte Idee und in unzähligen Kontexten in Ländern der Dritten Welt wie in Industrieländern praktisch realisiert und erprobt. Trotz ihrer Heterogenität zeigt die AT-Bewegung in bezug auf die allgemeine "Philosophie" und grundlegende Ziele genügend innere Übereinstimmung, um sie als soziale Bewegung qualifizieren zu können.

Die AT-Bewegung und ihre Aktivitäten sind auch kritisiert worden. (1) Eine erste Art von Kritik erhebt grundsätzliche Zweifel und Einwände an der Gültigkeit einer Angepassten Technologie an sich. Eine zweite Art von Kritik setzt sich mit Schwächen und Widersprüchen in der AT-Bewegung und einer Reihe von Forderungen ihrer Vertreter auseinander. Im folgenden sollen wesentliche Kritiken dargestellt und erörtert werden.

2.1 Kritiken aus technologischer Sicht

1. Es wird oft die Behauptung aufgestellt, dass die sog. "angepassten Technologien per Definition technologisch ineffizient und nicht in der Lage seien, das überlegene produktive Vermögen sog. "moderner" Technologien auch nur im entferntesten zu erreichen. Diese Behauptung gründet auf der Annahme, dass es beim technologischen Wandel ein einsinnig-lineares Fortschreiten von "niederen", ineffizienten zu "hohen", sehr effizienten Technologien gebe. Hohe technologische Effizienz einer Maschine oder eines Prozesses wird mit der erfolgreichen Erreichung eines von Menschen spezifizierten Zieles gleichgesetzt. Demzufolge ist die am meisten "angepasste" Technologie jene, die am effizientesten ist. Daraus würde folgen, dass "höchste Technologie automatisch die "angepassteste" ist. Damit aber würde es sinnlos, eine Technologie als "angepasst" zu qualifizieren, oder aber eine solche Qualifizierung würde implizieren, dass etwas anderes gewünscht und erreicht werden soll, als die effizientesten Mittel zur Erreichung einer spezifizierten menschlichen Zielsetzung. Aus dieser Perspektive heraus könnte man sogar versucht sein zu argumentieren, dass "angepasste Technologien" von Natur aus nicht "angepasst" seien! Auf der Grundlage dieses - scheinbaren - Widerspruchs könnte mancher das gesamte AT-Konzept verwerfen, ohne es im einzelnen genügend geprüft zu haben.

Diese Argumentation hat zahlreiche Schwächen:

1. Es gibt keinerlei Gründe a priori, weshalb eine Technologie nicht sehr effizient sein kann, die derart konzipiert ist, dass sie in Übereinstimmung mit dem Kontext ist, in dem sie operiert. Jedenfalls gibt es genügend empirische Beweise von technisch effizienten angepassten Technologien.

2. Die Kritik macht keinerlei Unterscheidung zwischen der internen technologischen Effizienz einer Technologie - die also ausschliesslich in der technologischen Konzeption der Maschine oder eines Prozesses begründet liegt - und der externen Effizienz derselben Technologie, d.h. ihrer Effizienz in der Erreichung bestimmter menschlicher oder praktischer Ziele in der komplexen "realen" Welt. In anderen Worten: Aufgrund einer rein "maschinentheoretischen" Betrachtung und Bewertung von Technologie ist diese Kritik nicht in der Lage zu sehen, dass Technologien immer als Teil einer Technologie-Praxis operieren, die wiederum immer in einer grösseren menschlichen oder natürlichen Umwelt stattfindet, und dass demzufolge Effizienz zwischen diesen beiden Ebenen (Technologie und Technologie-Praxis im realen Kontext) variieren kann.

3. Die Kritik nimmt nicht zur Kenntnis, dass Angepasste Technologie es als eine ihrer wichtigsten Aufgaben ansieht, grundsätzlich die Effizienz der Technologie-Praxis, wie sie in armen Gemeinwesen zum Tragen kommt, zu erhöhen. Es stimmt, dass viele einfache Technologien ineffizient sein mögen. Aber daraus kann nicht gefolgert werden, dass es als Voraussetzung für höhere Effizienz zuerst notwendig ist, diese einfachen Technologien aufzugeben. Angepasste Technologie befasst sich in der Hauptsache damit, die technologische Forschung und Entwicklung sowie die Einrichtungen zur Verbreitung in die Richtung wachsender interner und externer Effizienz von Technologien zu lenken, oft eben aufbauend auf den sog. einfachen Technologien.

2. Eine zweite technologiebezogene Kritik an angepasster Technologie lautet: Eine Technologie-Wahl von Bedeutung ist nicht wirklich möglich. (2) Das AT-Konzept beinhaltet das kontextbezogene sorgfältige Auswählen unter alternativen technologischen Optionen, während Kritiker oft argumentieren, dass es immer nur einen lebensfähigen technologischen Weg gibt, eine bestimmte Aufgabe effizient durchzuführen.

Diese Kritik ist grösstenteils eine grobe Behauptung und sie wird meistens ohne solide Argumente oder empirische Beweise vorgebracht. Sie fusst auf einer statischen Betrachtungsweise von Technologie, die verfügbare Technologie einfach als gegeben hinnimmt und den dynamischen Kontext ignoriert, der die verfügbaren Wahlmöglichkeiten verändern kann. In der Regel gibt es keine zwingenden technischen Gründe für das Fehlen einer Wahlmöglichkeit. Die Kritik ignoriert obendrein die Möglichkeit, dass Menschen bewusst die dynamischen Prozesse beeinflussen können, die die Verfügbarkeit von Technologien zum Zweck der Verbreiterung der Palette an technologischen Wahlmöglichkeiten bestimmen. Die AT-Bewegung hat als eines ihrer wichtigen Ziele die Vermehrung der verfügbaren technologischen Wahlmöglichkeiten in Situationen und Kontexten, wo diese gegenwärtig faktisch eingeschränkt sind. (3)

3. Ein immer wiederkehrender Einwand gegen AT ist die Behauptung, es seien sowohl "Hoch"- als auch "niedrige Technologien erforderlich, und "niedrige" Technologie sei keine ausreichende Antwort auf die globalen und lokalen, ökonomischen und ökologischen Probleme.

Diese Art von Kritik ist eher etwas nebulös. Denn häufig ist die Bedeutung von "hoch" und "niedrig" nicht klar. Und insoweit die Bedeutung von "hoch" und "niedrig" deutlich gemacht sind, gibt es keine zwingenden Gründe, einen der beiden Begriffe ausschliesslich mit "angepasst" zu verknüpfen. Es ist nicht möglich, das AT-Konzept in das Korsett einer simplen, eindimensionalen "hoch-niedrig"-Skala hineinzuzwängen.

4. Eine Kritik von Angepasster Technologie betrifft den Umstand, dass verschiedene Kriterien der Angepasstheit einer Technologie oft in einem Spannungsverhältnis zueinander sind. Zum Beispiel können die maximale Nutzung einer erneuerbaren Energie oder das maximale Recycling gewisser Arten von Abfallmaterialien den Einsatz von komplizierter und kostspieliger Technologie erforderlich machen. Dies könnte ein Dilemma für jene darstellen, die gleichzeitig die Realisierung der Nutzung von erneuerbarer Energie, von Recycling, Einfachheit bei möglichst geringen Kosten befürworten.

Dieser Kritik ist zunächst zu entgegnen, dass man aus dem Vorhandensein von Konflikten zwischen einzelnen Anforderungs- bzw. Einschätzungskriterien keine Gründe für die Verwerfung des gesamten AT-Konzeptes ableiten kann. Solche Konflikte weisen lediglich auf die Notwendigkeit von Flexibilität, Kompromissen, klugen Urteilen und Entscheidungen auf der Grundlage von breiten Perspektiven hin. Abwägungen zwischen Prinzipien bzw. Kriterien, die in einem Spannungsverhältnis zueinander liegen, ist nichts ungewöhnliches, sei es bei Technologien, im sozialen Leben oder bei anderen Sachverhalten. Zweitens bedeutet das Vorhandensein sich widersprechender Kriterien für eine gegebene Situation keineswegs, dass keine Innovationen möglich sind, um solche Widersprüche aufzulösen. Die Notwendigkeit für derartige Innovationen ist integraler Teil des AT-Konzeptes und kann nicht als Grund für die Ablehnung von AT vorgebracht werden.

AT ist also keinesfalls eine enge technizistische Konzeption im Sinne eines blossen Ensembles bestimmter technologischer Objekte (Artefakte), sondern eine spezifische Art der Technologie-Praxis, die sich immer mit Technologie und ihrem Kontext auseinandersetzt.

2.2 Kritiken aus ökonomischer Sicht

Die Kritik an der Angepassten Technologie in bezug auf ökonomische Fragen lässt sich in vier Punkten zusammenfassen:

1. Der erste Kritikpunkt ist, dass angepasste Technologien wirtschaftlich nicht wettbewerbsfähig seien. Es ist meistens die Betonung, die Proponenten von Angepasster Technologie u.a. auf Kleinheit, einen geringen Kapitalbedarf und auf Einfachheit legen, die die Reaktion von Ökonomen und Quasi-Ökonomen hervorruft, angepasste Technologien seien nicht "wirtschaftlich". Diese Antwort leitet sich weitgehend aus der ökonomischen Theorie ab, dass eine Zunahme des Produktionsvolumens und der Kapitalintensität eines Produktionsprozesses automatisch Produktivitätswachstum bedeute.

Zunächst ist festzuhalten, dass im AT-Konzept nichts enthalten ist, was logisch zu einer Nicht-Wettbewerbsfähigkeit führen würde. Im Gegenteil: Angepasste Technologie ist ganz wesentlich auch ein ökonomisches Konzept, nämlich darüber, wie Aktivitäten auf der Grundlage von bislang relativ ineffizienten Technologien durch technologische Innovationen ökonomisch lebensfähig gemacht werden können.

Was nun den Einwand der Nicht-Wirtschaftlichkeit von angepassten Technologien aufgrund fehlender "economies of scale" anbelangt, so liegen hinreichend empirische Beweise vor, die deutlich machen, dass die Doktrin der "economies of scale" jenseits einer bereits relativ kleinen Skalengrösse häufig nicht mehr zutrifft, bzw. dass in Fällen, wo eine grossvolumige Produktion wirtschaftlich zwar möglich ist, oft alternative Produktionsprozesse verfügbar sind, die vergleichbare Produktivitätssteigerungen ohne Zunahme der Produktionsvolumina ermöglichen.

Dem weiteren Einwand, "angepasste Technologien" seien nicht wettbewerbsfähig, ist entgegenzuhalten, dass Wettbewerbsfähigkeit selbst ein mehrdeutiger Begriff ist. Zum Beispiel ist für die potentielle wirtschaftliche Lebensfähigkeit eines Unternehmens der Ertrag aus dem investierten Kapital ein primärer Bestimmungsfaktor. Für ein Unternehmen kann es sehr wohl möglich sein, dass es wirtschaftlich selbsttragend ist ohne aber kommerziell lebensfähig zu sein, weil der Ertrag aus dem eingesetzten Kapital unter jenem des Marktes liegt. Wenn aber Investoren sich das Ziel zu eigen machen, möglichst viele nützliche und interessante Arbeitsmöglichkeiten zu schaffen statt nur einen finanziellen Gewinn an sich anzustreben, so gibt es für ein Unternehmen hinreichend Spielraum um wettbewerbsfähig zu sein, was es andernfalls nicht wäre. Deshalb mag es für einen "Beschäftigten" wirtschaftlich durchaus vernünftiger sein, seine Ersparnisse oder Teile davon in ein Unternehmen zu investieren, das in der Lage ist, ihm einen Arbeitsplatz anzubieten und ihm so ein höheres Einkommen verschafft, als wenn er sein Geld anderswo mit zwar höheren Ertragsaussichten investiert, wo ihm aber keine Beschäftigung angeboten wird. Dasselbe Argument gilt auch für ein lokales Gemeinwesen: Es ist möglich, den innerhalb eines lokalen Gemeinwesens erwirtschafteten Nettoertrag (vielleicht zur erneuten Investition) zu maximieren, wenn die lokale Bevölkerung in lokale Unternehmen investiert und nicht in weit entfernte. Dieses Argument kann sogar noch dann zutreffen, wenn die Zinssätze für Investitionen ausserhalb des Gemeinwesens höher sind.

Zusammenfassend ist festzuhalten, dass es einerseits keinerlei ernsthafte Gründe dafür gibt, weshalb unter der Rubrik Angepasste Technologie befürwortete Technologien marktwirtschaftlich nicht wettbewerbsfähig sein können, und andererseits können Technologien, die noch marginal sind, in einer Marktwirtschaft wettbewerbsfähig werden, wenn beispielsweise andere Investitionsmuster und Eigentumsformen zum Tragen kommen.

2. Eine zweite Art von Kritik gegenüber Angepasster Technologie lautet, sie sei ein Anti-Wachstums-Konzept. Die AT-Bewegung hat zu solchen Fragen eine Reihe von Positionen. Der auf die Länder der Dritten Welt ausgerichtete Teil der AT-Bewegung sieht in den angepassten Technologien Mittel zu wirtschaftlichem Wachstum, während die AT-Bewegung in Industrieländern verschiedene Kritiken am wirtschaftlichen Wachstum in sich vereinigt. Die meisten Befürworter von Angepasster Technologie vermeiden die Extreme einer reinen Pro- oder Anti-Wachstums-Haltung, und betonen stattdessen nachdrücklich die Wichtigkeit von qualitativen Unterscheidungen in bezug auf _was_ wachsen, _wie, wo_ und in welcher _Richtung_ etwas wachsen, _wer_ vom Wachstum profitieren und mit welcher _Geschwindigkeit_ Wachstum vor sich gehen soll. (Aggregierte Masszahlen verschleiern die Realität des wirtschaftlichen Lebens nur. Es ist heute fast schon ein Gemeinplatz geworden, nochmals darauf hinzuweisen, dass das Wachstum des Bruttosozialprodukts kein geeignetes Mass für das wirtschaftliche Wohlbefinden ist, weil es die ganze informelle Ökonomie und die sozialen und ökologischen Kosten ausschliesst.)

Die AT-Bewegung sieht das Entwickeln von Technologien zum alleinigen Zweck des Bruttosozialprodukt-Wachstums als keine sehr vernünftige Strategie an. Sie befürwortet vielmehr eine **nachhaltige sozio-ökonomische Entwicklung** und nimmt gegenüber einem unqualifizierten raschen Wachstum eine kritische Haltung ein. Dessenungeachtet ist Angepasste Technologie verträglich mit einem - qualifizierten - wirtschaftlichen Wachstum und hat dieses oft als ein wesentliches Ziel.

3. Die dritte Art von Kritik ist mit dem Vorwurf verknüpft, Angepasste Technologie baue auf einer unzureichenden ökonomischen Theorie auf.

Angepasste Technologie hat seine Wurzeln in der Entwicklungsökonomie. Die hauptsächliche Abweichung von orthodoxer Ökonomie betrifft die These von AT, dass Technologiewahl eine zentrale Variable in der ökonomischen Entscheidungsfindung ist. Vor dem Auftauchen der AT-Bewegung gab es eine starke Tendenz in der ökonomischen Theorie, Technologie als einen exogenen Faktor zu betrachten, den man als gegeben annehmen konnte. AT hingegen geht davon aus, dass Technologie in einer Wirtschaft einen dynamischen Faktor darstellt, und dass er sowohl durch andere Kräfte in einer Wirtschaft bestimmt wird als auch selber ein Bestimmungsfaktor für diese anderen Kräfte ist. Mit anderen Worten: Technologie darf nicht als exogener Faktor angesehen und behandelt werden. AT hat jedenfalls zur Belebung der ökonomischen Theoriebildung beigetragen, und die grundlegenden Konzepte von AT werden heute kaum mehr aus formalen ökonomischen Gründen in Frage gestellt.

4. Eine vierte Art von Kritik betrifft die relative Wichtigkeit von öffentlicher Planung gegenüber der "unsichtbaren Hand" der Marktkräfte. Es gibt Argumente, dass eine öffentliche Intervention in die Wirtschaft notwendig sei, um jene Umfeldbedingungen zu schaffen, wo angepasste Technologien gedeihen können. Sicher hat dieses Argument einiges für sich und für jene, die aus Prinzip gegen eine aktive Intervention in die Wirtschaft sind, kommen diese Argumente einer Kritik an Angepasster Technologie gleich.

Ungeachtet der wichtigen Rolle, die öffentliche Initiativen und Aktivitäten in der Schaffung von für AT günstigen Umfeldbedingungen spielen mögen, hängt die Durchsetzung und Verbreitung von AT keineswegs von solchen öffentlichen Initiativen ab. Im Gegenteil kann AT als wesentlich für die Aufrechterhaltung wirksamer Marktmechanismen angesehen werden. Nur bei einer genügend grossen Zahl von anbietenden Marktteilnehmern kann der Markt wirksam funktionieren, und braucht es demzufolge keine oder nur minimale Interventionen seitens der öffentlichen Hand. Eine grosse Anzahl von miteinander im Wettbewerb liegenden kleinen Unternehmen zu haben ist nur möglich, wenn die für Produktionszwecke verfügbare Technologie in der Lage ist, in einer genügend kleinen Grössenordnung effizient zu funktionieren, so dass sie sich auch ein kleines Unternehmen leisten kann. Somit sind Technologien mit kleinen Produktionslosen und geringen Kapitalkosten eine wesentliche Voraussetzung für eine freie Marktwirtschaft.

Angepasste Technologie kennt keine Bevorzugung von einem der ökonomischen Entscheidungsfindungssysteme, obwohl sie auf die Notwendigkeit für öffentliches Handeln hinweist, um die für eine relativ offene Technologiewahl förderlichen wirtschaftlichen Umfeldbedingungen zu schaffen oder aufrechtzuerhalten.

2.3 Kritiken aus kultureller Sicht

1. Die AT-Bewegung wird manchmal dahingehend kritisiert, sie trage antitechnologische Züge. Dieser Kritik ist entgegenzuhalten, dass die AT-Bewegung als ganzes und die meisten ihrer Protagonisten den Wert und die Notwendigkeit von Technologie immer bejaht haben. Die AT-Bewegung ist wie gesagt sehr heterogen und es gibt in ihr einen grossen Spielraum für gegensätzliche Ansichten und Positionen, wozu u.a. auch gehört, dass gewisse Untergruppen in bezug auf Technologie andere kulturelle Antworten geben als die Hauptströmung der AT-Bewegung.

2. Eine zweite Kritik will der Angepassten Technologie bescheinigen, sie stelle gegenüber der modernen Technologie der Industrieländer eine minderwertige Technologie dar. Diese Kritik argumentiert, AT sei ein Vorwand, blosse Linderungsmittel in der Form von "zweitrangigen" Technologien bereitzustellen, um Gemeinwesen, Regionen und Länder in Abhängigkeit und wirtschaftlicher Stagnation zu belassen.

Diese Kritik zielt völlig daneben: AT impliziert, dass gemeinsame Anstrengungen unternommen werden müssen, um sicherzustellen, dass die Wahl einer Technologie die <u>beste</u> ist in Anbetracht der zur Debatte stehenden besonderen Umstände und Situationen. Die einzigen Gründe, angepasste Technologien als minderwertig zu erklären, kann mit der Möglichkeit zusammenhängen, dass die Analysen der AT-Vertreter über die realen Bedingungen unzureichend und ihre Wahrnehmungen der spezifischen Bedürfnisse einer konkreten Menschengruppe und der daraus sich ergebenden technologischen Gestaltungskriterien falsch sind. Dies hat aber nichts mit AT als einer minderwertigen Technologie zu tun, sondern zeigt höchstens die Schwierigkeiten bei der Erfassung der realen Komplexität einer Situation und der Ableitung von konkreten Strategien in der Verbindung von Technologie und Kontext.

2.4 Kritiken aus politischer Sicht

1. Ein kritischer Einwand gegen AT lautet, dass die grundlegenden Fragestellungen, die die AT-Bewegung motivieren, soziale und politische Probleme seien und nicht technologische. Dieses Argument kommt in zweierlei Gestalt daher. Einmal in der Form der Annahme, Technologie sei "neutral" und damit immer offen dafür, zum guten oder schlechten eingesetzt zu werden. Dies hänge von den Absichten und Interessen jener Leute ab, die die Technologie einsetzen und nutzen. Dieses Argument sieht die erforderlichen Änderungen - z.B. um in bestimmten Lebensbereichen menschliche oder ökologisch gesündere Verhältnisse zu erreichen - als "menschliche" Probleme und ohne Bezug zum beruflichen Handeln von Ingenieuren, Wissenschaftlern oder solchen Leuten, die direkt mit der Konzipierung und Herstellung von Technologien zu tun haben. In der zweiten Form wird behauptet, dass Technologie nicht neutral sei und immer die sozialen und politischen Bedingungen der Gesellschaft verkörpern würde, in der sie erdacht oder entwickelt worden sei. Von daher müssten die erforderlichen Richtungsänderungen zwar Auswirkungen auf das berufliche Handeln von Ingenieuren usw. haben, aber letztlich seien es doch "menschliche" - oder zumindest sozio-politische - Probleme und nicht technische. Beide Kritiken werfen der AT im Grunde genommen vor, ein eher enges technizistisches Konzept zu sein, gerade weil sich AT im Kern ganz wesentlich mit Technologie beschäftige, und infolgedessen sei AT in bezug auf soziale und politische Fragen "schwammig".

Die Annahme, dass Technologie neutral, d.h. apolitisch ist, wird in der Literatur heutzutage überwiegend zurückgewiesen, und in den Fällen, wo dies nicht der Fall ist, erhält sie keine weitere Begründung als ein "es ist eben so". Deshalb erfordert dieser Kritikpunkt keine weitere Erörterung mehr.

Die Annahme, die der zweiten Kritik zugrunde liegt, nämlich, dass Technologie nicht neutral ist, bildet für das AT-Konzept ohnehin den Dreh- und Angelpunkt. Damit wird auch dieser Kritikpunkt praktisch gegenstandslos, zumal die AT-Bewegung sich auch der wechselseitigen Beeinflussung von Technologie und sozio-politischen Kräften und Bedingungen durchaus bewusst ist. Denn aus dem Umstand, dass AT sich zentral und ernsthaft mit Technologie als Technologie und Technologie mit ihrem Kontext beschäftigt, folgt zumindest logisch, dass sie sich ebenso ernsthaft mit sozio-politischen - und anderen - Faktoren auseinandersetzen muss. Im übrigen steht eine ernsthafte Beschäftigung mit Technologie als Technologie keineswegs in diametralem Gegensatz mit einer ernsthaften Beschäftigung von Politik als Politik. Dieser zweite Kritikpunkt ist allerdings insoweit ernst zu nehmen, als er auf ein gewisses Defizit an konziser Argumentation im Rahmen des AT-Konzepts hinweisen mag.

2. Ein gewichtiger kritischer Einwand gegen die Praktikabilität von AT dreht sich um das Argument, dass gewisse gesellschaftliche Institutionen, die die Entwicklung der vorherrschenden Technologie-Praxis getragen und begleitet haben, heute eine starke Stellung einnehmen und wirksam die Entwicklung von potentiell lebensfähigen technologischen Alternativen ausschliessen.

Dieses Argument tritt in zwei Variationen auf. Die erste geht von der Annahme aus, Angepasste Technologie habe eine enge technizistische Ausrichtung und hänge der Doktrin eines technologischen Determinismus an. Daraus wird gefolgert, dass die AT-Bewegung die Notwendigkeit ignoriere, sich ernsthaft mit den institutionellen Widerständen auseinanderzusetzen, mit denen sie aller Wahrscheinlichkeit nach immer konfrontiert sein würde. Dass diese Annahme falsch ist, wurde in der Erörterung des vorigen Kritikpunktes bereits gezeigt.

Die zweite Variation dieser Kritik beruht zwar nicht auf dieser Annahme, aber sie bleibt skeptisch in bezug auf das Vermögen der AT-Bewegung, diese institutionellen Widerstände zu überwinden. Mit anderen Worten: Selbst unter der Annahme, dass die AT-Bewegung sich der politischen Dimensionen ihrer Ziele bewusst ist und ihre Aktivitäten dementsprechend organisiert hat, ist die institutionelle Trägheit des status-quo so gross, dass mehr als marginale Veränderungen zu erreichen unrealistisch ist. Diese zweite Form der Kritik ist eine sehr ernsthafte.

Dieses kritische Argument fusst auf der Beobachtung, dass mit der wachsenden internationalen und intranationalen Wirtschaftsverflechtung es zu starken Ungleichgewichten in der Verteilung der wirtschaftlichen Macht gekommen sei. Minoritäre Gruppen von wohlhabenden und mächtigen Leuten hätten die wichtigsten Schlüsselstellungen inne und starke Eigeninteressen in der Aufrechterhaltung des Status-quo. Die ungleiche Verteilung der wirtschaftlichen Macht komme in den Beziehungen zwischen Nord und Süd eklatant zum Ausdruck, sei aber auch wahrnehmbar innerhalb der einzelnen Länder; der Unterschied zwischen reicher Minorität und armer Majorität sei in der Regel am grössten in den Ländern der Dritten Welt. Deshalb seien politische und soziale Institutionen, die die Interessen der mächtigen Eliten begünstigten, derart stark und unerschütterlich.

Aus der wachsenden Bedeutung der Technologie im wirtschaftlichen Geschehen kann gefolgert werden, dass Entscheidungen über die Richtung der technologischen Veränderung nicht losgelöst von den politischen Kräften, die den Bedingungen der institutionellen Ungleichverteilung wirtschaftlicher Macht innewohnen, gefällt werden können. Es wird weiter argumentiert, dass die gegenwärtig vorherrschenden Muster der technologischen Innovation, der Zuteilung von Ressourcen für Forschung und Entwicklung, und der Zuteilung von Investitionsmitteln in neue Technologien, nicht nur das erwähnte institutionelle Umfeld widerspielgeln, sondern eine direkte Folge davon sind. Mit anderen Worten: Die im Einsatz stehende Technologie innerhalb einer bestimmten Gesellschaft verkörpert die politischen, sozialen und wirtschaftlichen Institutionen dieser Gesellschaft. Dementsprechend ist die vorherrschende Technologie-Praxis in den meisten Ländern bestimmt von der Trägheit des Status-quo. Daraus folgt: Insoweit Angepasste Technologie eine Abkehr von der vorherrschenden Technologie-Praxis darstellt, wird sie von mächtigen Eliten bekämpft werden. An dieser Stelle argumentieren nun viele kritische Kommentatoren, dass, um diesem Widerstand begegnen zu können, "politische" Aktivitäten notwendig seien. Dieses Argument ist oft begleitet von einer eher pessimistischen Einschätzung von Angepasster Technologie: "angepasste Technologien" hätten die Tendenz, den Status-quo zu verstärken statt ihn zu überwinden.

Dieser kritischen Einschätzung ist entgegenzuhalten, dass die AT-Bewegung sich im grossen ganzen bewusst ist, dass sie zumindest am Anfang einer Entwicklungsaufgabe Kompromisse zwischen verschiedenen ihrer Ziele eingehen muss, z.B. zwischen der "Self-Reliance" in der Herstellung von Technologie und wirtschaftlicher "Self-Reliance". Im weiteren kann AT durchaus das Gegengewicht zur vorherrschenden Technologie-Praxis bilden und Teil der vorherrschenden Technologie-Praxis werden. Demzufolge ist es auch nicht legitim, AT und vorherrschende Technologie-Praxis einander strikt gegenüberzustellen; allerdings ist es ebensowenig legitim anzunehmen, zwischen den beiden gäbe es keinerlei Spannungen. Sicher ist u.E. jedenfalls, dass es völlig verkehrt ist, davon auszugehen, die vorherrschende Technologie sei ein monolithisches sozio-technisches System geworden, und es sei unmöglich, an dieser Technologie-Praxis zu partizipieren, ohne grundlegende Prinzipien aufgeben zu müssen wie z.B. die Technologie-Wahl und die menschliche Kontrolle von Technologie.

Zusammenfassung: Die wesentlichen Kritikpunkte, die erörtert worden sind, widerspiegeln sicherlich das Ausmass und die Nachhaltigkeit der bisherigen Arbeiten und Aktivitäten der AT-Bewegung selbst, aber auch die Ernsthaftigkeit ihrer Ziele und Anliegen. Die meisten Kritiken und Einwände können relativ leicht widerlegt werden. Dort, wo sie auf Schwachpunkte in Theorie und Praxis von AT aufmerksam machen, wird keineswegs das Konzept als solches als ungültig oder unpraktikabel erklärt. Eine Anzahl von plausiblen kritischen Einwänden betreffen Einschränkungen für eine wirksame Verbreitung von angepassten Technologien bzw. für die Erreichung der Ziele der AT-Bewegung durch politische Institutionen und Kräfte. Allerdings haben solche Argumente keine absolute oder universelle Gültigkeit. Jedenfalls zeigen vielfältige Erfahrungen, dass überall dort, wo relativ offene Strukturen existieren, sehr viel im Sinne der AT-Bewegung geleistet und erreicht werden kann. Hinzu kommt, dass die meisten Advokaten von AT die realen Beschränkungen des AT-Ansatzes und die Notwendigkeit politischen Handelns in einem breiteren als nur technologischen Kontext keineswegs ausser acht lassen.

Einige wesentliche Schwächen, zumindest der AT-Bewegung im Norden, müssen festgehalten werden. Die AT-Bewegung im Norden war weitgehend nicht willens, den Tatsachen organisierter sozialer und politischer Macht ehrlich ins Gesicht zu sehen. Fasziniert von den Träumen einer spontanen Graswurzel-Revolution, vermieden ihre Anhänger jede tiefer auslotende Analyse der Institutionen, die die "Marschrichtung" der technologischen und ökonomischen Entwicklung kontrollieren, und kümmerten sich demzufolge kaum um das Ausdenken von Strategien, um diese offensichtlichen Quellen des Widerstands zu überwinden.

Aber die vielleicht schwerwiegendste Schwäche der AT-Visionen ist der Mangel an einer ernsthaften Aufmerksamkeit und Auseinandersetzung mit der Geschichte der modernen Technologien. Denn um herauszufinden, ob und wo AT Sinn macht, muss man für die einzelnen Technologien Verzweigungspunkte angeben können, wo die Entwicklung in einem bestimmten Technologiefeld eine falsche und unerwünschte Wendung genommen hat. Dazu muss man die Erfindungen, Entdeckungen, Industrien und grosstechnologischen Systeme durchforsten, die seit dem letzten Jahrhundert aufgetaucht sind, und herausfinden, welche Pfade für die jeweiligen Technologien aus welchen Gründen ausgewählt worden sind. (siehe dazu Kap. 3.4) Auf dieser Grundlage kann man dann fragen, warum Entwicklungen so verlaufen sind? Ob es reale Alternativen gegeben hat? Weshalb diese Alternativen zu jener Zeit nicht ausgewählt worden sind? Wie solche Alternativen heute wieder zurückgewonnen werden könnten? Zwar wurden in einigen AT-Untersuchungen zu Landwirtschaft und Energie derartige Fragen aufgeworfen. Im grossen und ganzen aber wurde die Geschichte von Technologien und die Realität existierender techno-ökonomischer Institutionen weitgehend ausser acht gelassen. Dies hatte zur Folge, dass einige AT-Projekte ziemlich irrelevant waren in bezug auf die technischen Praktiken, die sie zu ändern hofften.

Der Wert aller fundierten Kritikpunkte ist, dass sie wichtige praktische wie auch grundsätzliche Fragen über die künftigen Aussichten von AT und ihrer Gewichtigkeit aufwerfen.

Literatur:

(1)   R. Eckaus: "Appropriate Technologies for Developing Countries", National Academy of Sciences, Washington D.C. 1977, S. 2, und: "Appropriate Technology: The Movement Has Only a Few Clothes On", in: "Issues in Science and Technology", 3(2), S. 62-71; H. Sachsse: "What is Alternative Technology? A Reply to Professor Stanley Carpenter", in: "Philosophy and Technology", P.T. Durbin/F. Rapp (Hrsg.), Dordrecht 1983, S. 137-139; A. Eberhard: "Technological Change and Development: A Critical Review of the Literature", School of Engineering Science, University of Edinburgh 1982; A. Emmanuel: "Appropriate or Underdeveloped Technology?", Chichester 1982;

(2)   J. Ellul: "The Technological System", New York 1980, S. 191-195

(3)   B.G. Lucas/S. Freedman (eds.): "Technology Choice and Change in Developing Countries: Internal and External Constraints", Dublin 1983; R. Mercier: "Some Reflections on the Choice of Appropriate Industrial Technology for Third World Development", in: "Appropriate Technologies for Third World Development", A. Robinson (ed.), London 1979, S. 203-218; A.K. Sen: "Choice of Techniques", Oxford 1968.

3. Technologiekritik, Technologiefolgen-Abschätzung und Technologie-Genese: Die Geburt des Konzepts der Technologie-Wahl

In den frühen 70er Jahren ist eine intensive Technologiedebatte in Gang gekommen. Der reale Erfahrungshintergrund für diese Debatte und die darin zum Ausdruck gebrachte kritische Einstellung gegenüber der Technologie bildete vor allem

- die Ölpreiskrise von 1973, wo die Bevölkerung - wenn auch nur für kurze Zeit - hautnah erlebte, dass die Rohstoff- und Energievorräte auf unserem Planeten tatsächlich begrenzt sind, wie es die erste 1972 erschienene Studie des Club of Rome, "Die Grenzen des Wachstums", dargelegt hatte;

- diverse Umweltbelastungen als Folge der fortschreitenden technologischen Entwicklung, die Ausmasse angenommen hatten, dass sie vom Durchschnittsbürger nicht mehr übersehen werden konnten;

- die hohe Zahl der Arbeitslosen und die noch grössere Zahl jener Leute, die um ihren Arbeitsplatz bangten, und die überwiegend im technologischen Fortschritt den Grund für die Arbeitslosigkeit orteten;

- die wachsenden Proteste und Kritik an der Nutzung der Kernenergie.

3.1 Pauschale und spezifische Technologiekritik

Zunächst hatte die Debatte einen eher pauschalen Charakter: Radikalen Technologiekritikern, die ganz allgemein "die Technologie" aufs Korn nahmen und verwarfen, standen die Technologiegläubigen gegenüber, die noch immer einem naiven Fortschrittsoptimismus anhingen und der Meinung waren, es müsse so weitergehen wie bisher. Solche eher weltanschaulich geprägten - und meistens von konservativer Seite artikulierten und kulturpessimistisch eingefärbten (1) - Technologiekritiken hat es in allen Phasen der Industrialisierung gegeben. Die sowohl positiven wie negativen pauschalen Bewertungen von Technologie - simple Technologiegläubigkeit wie Technologiefeindlichkeit -, die also von "der" Technologie spricht und sie so gleichsam als eine gleichförmige und selbständige Wesenheit betrachtet und behandelt, ist eine rein metaphysische Betrachtungsweise. Ihr liegt die Annahme zugrunde, die Entwicklung der Technologie - und der sie befruchtenden Wissenschaft - sei ein naturgesetzlich ablaufender, eindimensionaler Prozess in der Auseinandersetzung des Menschen mit der Natur. Hierher gehört auch die Behauptung der historischen Kontinuität einer in ihrem Wesen gleichbleibenden Technologie. Diese wird gerne zur pauschalen Verteidigung der Technologie herangezogen, besonders, wenn man - wie z.B. Arnold Gehlen (2) - die Technologie als anthropologische Grundbestimmung des Menschen auffasst und daraus folgert, jede Art von Technologie müsse allein schon deshalb bejaht werden, weil die Technologie zum Menschen gehöre wie das Ei zur Henne, denn es führe eine durchgängige Linie vom vorgeschichtlichen Werkzeuggebrauch zur modernen Industrieproduktion und das heute erreichte Ausmass arbeitsteiliger Spezialisierung sei auf eine Art naturwüchsiger Gesetzmässigkeit zurückzuführen. (3)

In dieser Perspektive erscheint Technologie wie Wissenschaft als wertfrei bzw. als eine Art gesellschaftliches Neutrum: Erst der Gebrauch, der von einer Technologie gemacht werde, entscheide darüber, ob sie guten oder schlechten Zwecken diene. Eine derartige Sicht des Entwicklungsverlaufs von Technologie suggeriert für die Gesellschaft und die darin lebenden Menschen letztlich, dass sie fast nur die Möglichkeit haben, Wissenschaft und Technologie und ihre Entwicklung entweder anzunehmen und sich ihnen anzupassen oder sie abzulehnen - begleitet vom Bannfluch der Fortschrittsfeindlichkeit und der Drohung des endgültigen wirtschaftlichen Ruins. Vor allem aber verstellt diese Sicht den Blick darauf, dass die in grossem Masstab zur Anwendung kommenden Technologien durchaus in einem Auswahlprozess entstehen, in dem nicht "die Menschheit", sondern ein interessegeleiteter "wissenschaftlich-technischindustrieller Komplex" (4), also eine zahlenmässig kleine Elite entscheidet, und damit andere Technologie-Entwicklungspfade ausgeblendet und blockiert werden. (5) Es gibt eben nicht "die" Technologie schlechthin, sondern sehr unterschiedliche und wohl zu unterscheidende historische Phasen der Technologie-Entwicklung mit Haupt- und Nebensträngen, der Technologie-Praxen und der technologischen Theorien.

Die pauschale, metaphysisch gefärbte Betrachtungsweise sagt über Technologie fast gar nichts aus, dafür umso mehr über jene, die derart über Technologie vor-urteilen. Was wäre denn das, "die" Technologie? "Technologie" ist zunächst nichts weiter als eine Benennung für eine Vielzahl höchst unterschiedlicher Erscheinungen, wobei diese Erscheinungen durchaus einige bestimmte gemeinsame Merkmale aufweisen. Wer aber fortwährend Aussagen über "die" Technologie schlechthin macht, verwechselt den Begriff mit einer metaphysi-

schen Wesenheit und schreibt ihr einen göttlichen oder dämonischen Subjekt-
charakter zu im Sinne von: "Die" Technologie beherrscht, befreit, versklavt
oder entfremdet den Menschen. Dies ist eine höchst gefährliche Redeweise,
und obendrein Beweis dafür, dass die so Redenden in einer extrem naiven
Weise durch unsere heutige technologische Welt taumeln.

Neben dieser pauschalen und metaphysischen Technologiekritik hat sich aber
sehr bald ein Kritikansatz entwickelt, der nicht "die" Technologie allgemein
thematisierte, sondern systematisch nach den Bedingungen zu fragen begann,
unter denen die Entwicklung bestimmter Technologien sich durchsetzt und
spezifische Formen von Technologie-Praxen entstehen. Wichtige Vorarbeiten
zu dieser **spezifischen oder differenzierten Technologiekritik** leisteten
in den 50er und 60er Jahren vor allem Aldous Huxley (6), der französische
Soziologe Jacques Ellul (7), der amerikanische Historiker Lewis Mumford (8)
und frühe Vorkämpfer der Umweltbewegung wie beispielsweise die Biologin
Rachel Carson (9) und der Biologe/Ökologe Barry Commoner (10). In ihrem
1962 erschienenen Buch "Der stumme Frühling" warnte Rachel Carson nicht
nur vor der globalen Gefährdung durch die riesigen Mengen von synthetisch
hergestellten Schädlingsbekämpfungsmitteln in der Landwirtschaft, deren Einwirkungen auf die Ökosysteme weit in die Zukunft hineinreichen und kaum zu
verfolgen oder vorauszusehen sind, sie irreversibel schädigen können und mit-
hin von der Verursachern prinzipiell nicht mehr zu verantworten sind; sie be-
nennt auch die Interessen der chemischen Industrie und deren Verquickung mit
Behörden und sie verweist auf alternative, umweltfreundliche Möglichkeiten
zur Schädlingsbekämpfung.

Es fällt auf, dass namhafte Beiträge zu dieser spezifischen Technologiekritik
vor allem von Naturwissenschaftlern und Ingenieuren stammen, die den lange
vernachlässigten Zusammenhängen zwischen einer Technologie als Artefakt
und der Technologie-Praxis bzw. zwischen Technologie und Gesellschaft nach-
spüren. So greifen namhafte Wissenschaftler, wie etwa der Physik-Nobelpreis-
träger Hannes Alfvén, die Neutralität des Wissenschaftbetriebes an und zeigen
das Interessengeflecht auf, innerhalb dessen Technologie und Wissenschaft
nicht nur im privatwirtschaftlichen Bereich, sondern auch in Universitäten entsteht. (11) Ein Beispiel ausgesprochen handlungsorientierter Technologiekritik
stellen die Arbeiten des amerikanischen Physikers Amory B. Lovins dar (12),
die in den USA die energiepolitischen Debatten und die Strategien der Ener-
gieversorgungsunternehmen nachhaltig beeinflusst haben.

Die spezifische oder differenzierte Technologiekritik lässt sich hauptsächlich dadurch charakterisieren, dass sie "die Technologie plus ihren Kontext", dass sie die Technologie-Praxis ins Blickfeld gerückt hat. Es ist nicht mehr länger von "der" Technologie die Rede, sondern von der Förderung spezifischer Technologien und von der Vernachlässigung bzw. der Unterdrückung anderer Technologien, die den gleichen Zweck erfüllen könnten, sowie von den Interessen und Werten, die selektiv Entwicklungen fördern. Davon zeugt auch das Auftauchen in den 70er Jahren von Bezeichnungen wie "Angepasste Technologie", "Sanfte Technologie" oder "Mittlere Technologie". Damit beginnt eine andere, breitere Sichtweise von Technologie zum Vorschein zu kommen: Technologie wird in wachsendem Masse als gestaltbar, als kultureller und sozialer Entwurf angesehen, das Prozesshafte und das Vorhandensein eines - je nachdem engeren oder breiteren - Spektrums an Wahlmöglichkeiten hinsichtlich der Technologie-Entwicklung und -Anwendung rücken ins Zentrum der Aufmerksamkeit, das rein Artefaktmässige bleibt zwar wichtig, aber beginnt an alle anderen Dimensionen und Aspekte ausschliessender Dominanz zu verlieren. Anhand konkreter Beispiele - gerade die sozialen Bewegungen in den 70er Jahren begannen, exemplarisch praxiswirksame Alternativen zu entwerfen und praktisch, wenn auch nur in kleinen gesellschaftlichen Nischen und in sehr kleinem Masstab, neue Technologie- und Lebensformen zu erproben - wird der konventionelle Technologie-Determinismus mit seiner pauschalen These von der Autonomie und Neutralität des technologischen Fortschritts widerlegt. Wenn trotzdem gewisse technologische Entwicklungslinien unverändert fortgeführt werden - beispielsweise in der Nukleartechnologie -, dann hängt dies weniger mit dem Fehlen alternativer Möglichkeiten oder mangelnder Wirtschaftlichkeit zusammen, dafür umso häufiger mit der Starrheit der sie tragenden und prägenden grosstechnologischen Strukturen. (13)

Die spezifische Technologiekritik hat den Blick dafür geöffnet, die Technologie-Praxis als eng verwoben mit kulturellen Orientierungen, wirtschaftlichen Entwicklungen, Machtstrukturen und sozialen Beziehungsmustern zu sehen. Damit wird die bislang rigide Trennung von Technologie und Kultur aufgehoben, indem die Technologie-Praxis selbst als eine "soziale Institution" (analog zu Sitten und Gesetzen) und Technologie als "materielle Kultur" angesehen wird, die sich vor allem durch ihre Gegenständlichkeit von den übrigen Kulturen unterscheidet. In die Gestalt der Produkte geht nicht nur der Stand eines universellen technologischen Wissens ein, sondern es sind in ihnen auch die kulturspezifischen Welt- und Menschenbilder, Zwecksetzungen und ästhetischen Ideale ihrer Produzenten verköpert. Technische Produkte müssen also als gesellschaftliche Projekte angesehen werden.

Gerade im Falle von sogenannten "Grosstechnologien" hält sich allerdings hartnäckig die Sicht von übermächtigen Technologien, die eine derart determinierende Kraft darstellen und ausüben würden, der gegenüber gesellschaftliche Prozesse und Strukturen eher "weich" und "machtlos" seien. Dahinter verbirgt sich wiederum eine falsche Wahrnehmung und damit die falsche Frage, ob nicht doch die Technologie Ursache gesellschaftlichen Wandels sei. Deshalb lohnt es sich, dem "Mysterium" grosstechnologischer Systeme etwas nachzuspüren. Es wird sich herausstellen, dass auch für grosstechnologische Systeme gilt, dass technologische Entwicklung und sozialer Wandel zwei Aspekte desselben Phänomens sind - eine Einsicht, die gerade für die AT-Sache von grosser Bedeutung ist.

3.2 Zum Verständnis des "Mysteriums" grosstechnologischer Systeme

Hier stellt sich eine erste Frage ganz allgemeiner Art: Sollen Debatten über "Grosstechnologie" verstanden werden als Ersatzdebatten über kulturelle Konflikte, die keinen Bezug zu spezifischen grosstechnologischen Systemen haben, oder sind sie als Vorläufer für ein tieferes Verständnis von ihnen anzusehen? Nun, die in diesen Debatten in Erscheinung tretenden Darstellungen und die zum Ausdruck kommende Rhetorik betreffen beides und zielen in der Substanz auf etwas Richtiges, sind aber begrifflich ungenügend. Um das Spannungsfeld zwischen grosstechnologischen Systemen und sozialen Teilsystemen besser auszuleuchten, ist es

1. notwendig, sich den grosstechnologischen Systemen selber zuzuwenden und von den "Bildern von grosstechnologischen Systemen" wegzukommen, und

2. den Begriff der technologischen Grössenordnung zu spezifizieren und die Folgen wachsender Grössenverhältnisse in technologischer und sozialer Hinsicht auszukundschaften.

Grosstechnologische Systeme sind nicht artefaktmässig einfach "gemacht", sondern sie haben sich über einen langen Zeitraum entwickelt. Ein höchst interessantes und aufschlussreiches Beispiel dafür ist Tom Hughes Analyse der Entwicklung der Energieversorgungssysteme in den USA, Frankreich und Deutschland.(14) Er hat als einer der ersten Technikhistoriker eine explizite "System"-Perspektive als Analyseinstrument gewählt, indem er Apparate und Maschinen mit dem Ingenieurbereich, und diesen mit verschiedenen organisatorischen, ökonomischen und politischen Akteuren und Strukturen verknüpft.

Die Öffnung hin zu "nicht-technologischen" Zusammenhängen erlaubte Hughes die Komplexität sich entwickelnder grosstechnologischer Systeme zu erfassen. Er beginnt seine Untersuchungen mit den Erfinder-Ingenieuren und taucht in die Welt des Engineering mit ihren charakteristischen Antriebskräften, Ressourcen und Problemlösungsstilen ein. Der Entstehungsbeginn grosstechnologischer Systeme geht meistens auf die Initiative von Leuten zurück, die Hughes "Erfinder-Unternehmer" oder "Systemkonstrukteure" nennt. Der Begriff "System" bezieht sich bei ihm sowohl auf die Schaffung, das Zusammenfügen und das Projektieren einer grossen Anzahl von heterogenen technologischen Elementen in die Welt des Geschäftslebens, der Politik und der Konsumenten, als auch auf die nicht-ingenieurmässigen Aktivitäten dieser Schlüsselakteure, in denen sie sich normalerweise engagieren. Gerade um zu verstehen, weshalb einige Versuche, in der Gesellschaft komplexe technologische Systeme einzurichten, gelingen und andere misslingen - sogar wenn ein starker politischer Wille, eine vehemente Befürwortung seitens der Wirtschaft und die Konsumnachfrage vorhanden sind -, muss man zuerst die soziale Charakteristik des technologischen Subsystems verstanden haben.

Beim allmählichen Übergang von vielen lokalen zu einigen regionalen und schliesslich zu integrierten Elektrizitätsversorgungssystemen im nationalen Rahmen unterscheidet Hughes drei Phasen:

-   Die erste Phase reicht von der radikalen <u>Erfindung</u>, die in neuen technologischen Systemen gipfelt, über die <u>Entwicklung</u> - die besonders auch die für das Überleben erforderliche ökonomische und politische Einbettung der technologischen Systeme beinhaltet - bis zur <u>Innovation</u>, die dafür sorgt, dass das ganze System effizient eingesetzt werden kann.

-   Die zweite Phase ist der <u>Transfer</u>: Das vorhandene Wissen und die Technologien werden auf die Bedürfnisse und Bedingungen des spezifischen Handlungsraumes hin angepasst. Die lokalen Bedingungen des jeweiligen Ortes, an dem die Technologie zur Anwendung kommen soll, nennt

Hughes nun die kulturellen Faktoren, unter denen geographische, ökonomische, organisatorische, legislative, unternehmerische und kontingente historische Faktoren sind. Diese Faktoren bestimmen als Kräfte den technologischen Stil, sie tun dies nicht deterministisch, sondern partiell, über die Vermittlung von Akteuren wie Individuen und Gruppen.

- Die dritte Phase schliesslich geht vom <u>Wachstum</u> über <u>Wettbewerb</u> hin zu <u>Konsolidierung</u>. Rationalisierung, Effizienz und Kapitalintensivierung werden wichtige Systemziele. Die Ingenieur-Unternehmer stehen nicht mehr im Zentrum der Aktivitäten, sie machen den Manager-Unternehmern Platz, und diese schliesslich den Finanz-Unternehmern.

Geht man zu immer grösseren Systemen, wird es notwendig, sich neben der Technologiegestaltung durch identifizierbare Akteure vor allem den vielfältigen Struktureigenschaften sich herausbildender Elektrizitätsversorgungssysteme zuzuwenden.

Wenn technologische Systeme immer grösser werden, wenn andere mächtige Interessen- und Akteurgruppen in ihre Expansion miteinbezogen und dazu grosse Organisationen aufgebaut werden, tauchen in der Regel eine Reihe von typischen Phänomenen auf: technologische und/oder organisatorische Anomalien, die mit einer ungleichmässigen Ausführung und Entwicklung eines Systems zu tun haben - Fortschritte an der einen Front gehen mit Zurückbleiben an einer anderen einher. Solche **Anomalien und Probleme** machen die Identifizierung und Lösung der zugrundeliegenden "kritischen Probleme" erforderlich, und sie treiben eine erfindungsreiche Aktivität und ein Systemwachstum voran. Dabei kann man grob zwei Arten von Innovationen ausmachen: konservative und radikale:

- Von <u>konservativen</u> Innovationen oder Verbesserungen kann man dann sprechen, wenn die kritischen technologischen Probleme mit Hilfe der Engineering-Expertise von den systeminternen Organisationen identifiziert und gelöst werden.

- <u>Radikale</u> Innovationen sind Lösungen, die systeminterne Organisationen nicht in der Lage sind zu finden und zu erzeugen, und stattdessen von unabhängigen externen, professionellen Innovatoren erzeugt werden. Diese radikalen Innovationen können zu neuen konkurrierenden Systemen

58

Anlass geben, oder zur Verschmelzung bislang nicht-verträglicher Systeme.

Hughes zeigt, wie immer wieder "Systemerfinder" aus unabhängigen Organisationen nötig waren, um unwahrscheinliche und wirksame Lösungen für auftauchende Anomalien und kritische Probleme zu erarbeiten.

Ein weiteres kritisches Merkmal ist der sog. **Lastfaktor** ("load factor") - das Verhältnis des durchschnittlichen System-Outputs zu maximalem Output während eines bestimmten Zeitraumes -, den die Systembauer und Betreiber fortwährend zu verbessern suchen. Der Lastfaktor ist wahrscheinlich der wichtigste Erklärungsgrund für das Wachstum kapitalintensiver technologischer Systeme. Dieser Faktor zielt in das technologische Herzstück solcher Systeme und er ist wahrscheinlich von wesentlich grösserer Bedeutung als solche Konzepte wie die "economies of scale" oder Motive wie das Streben nach organisatorischem Grössenwachstum.

Ein drittes rein strukturelles Merkmal, das die besonderen Eigenschaften erfasst, die grosstechnologische Systeme von anderen technologischen Systemen unterscheiden, ist die **dynamische Trägheit**. Dieser Begriff bringt verschiedene Aspekte angemessen zum Ausdruck: jene einer riesigen Masse von unzähligen technologischen und organisatorischen Komponenten; jene der Geschwindigkeit im Sinne von Ausdehnungsfähigkeit und Wachstumsrate; und jene der Zielgerichtetheit. Während diese obigen Strukturmerkmale sich hauptsächlich auf die innere Dynamik beziehen, trägt die dynamische Trägheit äusseren Effekten Rechnung. Sie gibt den grosstechnologischen Systemen auch die Erscheinung von "Autonomie" und entschlossener Macht.

Was also sind grosstechnologische Systeme? Aus den Arbeiten von Hughes (14) und anderen (15) können wir recht plausible Antworten auf diese Frage geben. Grosstechnologische Systeme sind <u>nicht</u> technologische Systeme, die in identifizierbaren Organisationen enthalten sind. Vielmehr sind bei grosstechnologischen Systemen viele Organisationen mit im Spiel. Einige verschmelzen mit einem grosstechnologischen System, andere nur teilweise, einige befassen sich mit dem Operieren ihrer technologischen Subsysteme, einige mit anderen, nicht-technologischen Komponenten des grosstechnologischen Systems. Andere Organisationen hängen nur gerade von ihren Dienstleistungen ab. Die dominanten Akteure in grosstechnologischen Systemen, die Teile von ihnen besitzen, führen und beaufsichtigen, sind untereinander politisch, finanziell und juristisch - mehr oder weniger lose - verbunden. Aber die meisten beteiligten Organisationen sind untereinander durch das grosstechnologische System "nur" technologisch miteinander verbunden.

Die letzteren bilden die soziale Basis grosstechnologischer Systeme, die enorm sein kann. Moderne grosstechnologische Systeme wie z.B. die Elektrizitätsversorgung oder die Telekommunikation garantieren die fortlaufende Produktion, Verteilung, Nutzung und Beseitigung der beinahe meisten Güter in fast allen Organisationen der Gesellschaft. Sie garantieren das Funktionieren von Organisationen, die Aufgaben in den Bereichen Administration, Gesundheits- und Sozialwesen, Kultur, Sicherheit und öffentliche Ordnung, Wissenschaft und Erziehung, Religion und kommunales Leben wahrnehmen. Und sie garantieren das Funktionieren von allen anderen grosstechnologischen Systemen.

Rückblickende Studien über grosstechnologische Systeme zeigen, dass sie sich nicht gemäss den Entwürfen und Projektionen der dominanten Akteure entwickelt haben: Grosstechnologische Systeme entwickeln sich gleichsam hinter dem Rücken der Systembauer. (16) Grosstechnologische Systeme scheinen das Reflexionsvermögen der verantwortlichen Akteure in einer Art und Weise zu übersteigen, die wir noch kaum verstehen.

Solange als grosstechnologische Systeme verlässlich funktionieren und sich nur inkremental verändern, werden sie von denen, die von ihren Produkten und Diensten abhängen, zum grossen Teil als selbstverständlich angenommen. Eine auch nur partielle Einsicht in ihre Funktionsweise geschieht hauptsächlich aufgrund von Defekten und Störungen.

Grosstechnologische Systeme haben eine gewisse Tendenz sich zu "verstecken", d.h. sich nach aussen hin abzuschliessen. Dies scheint grosso modo immer dann zu geschehen, wenn Probleme, die innerhalb der grosstechnologischen Systeme nicht gelöst werden können, nach aussen, d.h. auf die - natürliche wie soziale - Systemumwelt ausgelagert werden. Ausserdem sind grosstechnologische Systeme in der Lage, weitreichende und allgemeine soziale Konflikte in mindestens zwei Konstellationen auszulösen:

1. Im Falle des Auftretens von mehr oder weniger katastrophischen und wiederholten Störfällen wesentlicher Komponenten tendieren die Konflikte dazu, dann stark zu sein, wenn diese Störfälle als charakteristisch für das ganze System wahrgenommen werden.

2. Konflikte können auch in Phasen einer radikalen Umstrukturierung des gesamten grosstechnologischen Systems auftreten, wenn dazu die Abschliessung nach aussen aufgehoben wird.

Der polarisierte und manchmal scheinbar irrationale Charakter solcher allgemeiner Konflikte um ein grosstechnologisches System unter diesen Bedingungen hat mit einer zweifachen Spannung zu tun:

1. Als selbstverständlich angenommene Unterstützungssysteme können plötzlich für fast alle, die von ihnen abhängen, zu einer realen Beunruhigung werden, und in der Folge werden die prekäre Eigenart dieser Abschliessung nach aussen und auch die Kosten, zu denen diese Abschliessung aufrechterhalten wird, deutlich.

2. Gleichzeitig stehen grosstechnologische Systeme nicht zur Disposition. Produkte, Standorte, Produktionslinien und Organisationen können aufgegeben, umstrukturiert und ersetzt werden, grosstechnologische Systeme als solche nicht. Wo allgemeine Konflikte um grosstechnologische Systeme auftauchen und kritisch werden, wird eine Abschliessung nach aussen auf einem neuen Entwicklungsniveau gesucht.

Grosstechnologische Systeme verkörpern also ein gesellschaftliches Dilemma: sie können auf Dauer kaum nach aussen hin abgeschlossen werden, sie tragen ein nicht reduzierbares Konfliktpotential in sich, und ihre Integration in das gesellschaftliche Umfeld bleibt prekär, weil Strategien, die auf Abschliessung zielen, immer die Tendenz haben, erneut Konflikte hervorzurufen.

Die gesellschaftliche Einbettung von grosstechnologischen Systemen bringt enorme organisatorische, ökonomische, politische und juristische Anforderungen und Auflagen mit sich. Weniger sichtbar ist der untere Teil des Eisbergs, die weitreichende ökologische Tiefenwirkung von grosstechnologischen Systemen. Das, was man als "ökologische Krise" bezeichnet, hat sehr viel zu tun mit der wachsenden Last grosstechnologischer Systeme auf verschiedene Ökosysteme, von der Gewinnung, Verarbeitung und Nutzung fossiler Energieträger, über gigantische Wasserkraftprojekte bis hin zur möglichen Weltraumverschmutzung durch expandierende, im Weltall stationierte militärische und zivile Systeme. (17) Die Expansion von grosstechnologischen Systemen geht meistens mit einem immer tieferen Eindringen in Ökosysteme einher, was den Metabolismus vor allem grossräumiger Ökosysteme radikal beeinträchtigen kann. Dies hat nicht nur enorme Folgen für die ökonomischen und politischen Systeme, die solche grosstechnologischen Systeme "beheimaten", sondern ebenso im Hinblick auf mögliche technologische Pfade oder Korridore, die offen sind für eine evolutive, sozial- und ökologieverträglichere Weiterentwicklung grosstechnologischer Systeme.

Jetzt wenden wir uns noch der zweiten Frage, jener nach der Grössenordnung grosstechnologischer Systeme zu.

Gross und klein ist in öffentlichen Debatten ein bequemes und sehr oft verwendetes Unterscheidungsmerkmal technologischer Systeme, aber seine Bedeutung ist meist unklar. Kernreaktoren werden gegenüber kleinen Wasserkraftwerken als gross, Chips und darauf basierende mikroelektronische Anwendungen als klein angesehen. Das Telephon wird - wie z.B. auch das Auto, die HiFi-Anlage oder die Photokamera - als kleine, alltägliche Technologie betrachtet, obwohl gerade das Telephonsystem eines der grössten funktionierenden technologischen Systeme ist, das in der Welt je installiert worden ist. Konventionelle Waffensysteme werden als kleiner taxiert als Nuklearwaffen usw.

Man könnte die Grössenordnung technologischer Systeme nach der "Grösse" der sie hauptsächlich tragenden Organisationen "messen". Dann wäre beispielsweise Volkswagen gross, Porsche aber klein. Zusammengenommen könnte die Automobilindustrie sich als grösser als die Computer- oder die Nuklearindustrie herausstellen.

Anstatt die Mächtigkeit oder die Reichweite der Kontrolle der ein technologisches System aufbauenden und betreibenden zentralen Organisation als "Massstab" zu nehmen, könnte man sich nicht auf die "Externalitäten", d.h. auf das Ausmass der Einwirkungen auf soziale und natürliche Umwelten konzentrieren? Damit würde man die in öffentlichen Debatten recht beliebte Vorstellung "gross gleich risikoreich" übernehmen. Oder wenn man im Zusammenhang mit grossen technologischen Systemen der Meinung ist, man müsste die Idee von identifizierbaren Grenzen aufgeben, wird man sich Begriffen und Konzepten wie "nahtlose Gewebe" oder "Netzwerke von Netzwerken" usw. zuwenden. Perrow's Charakterisierung gewisser technologischer Systeme, die ein hohes Risikopotential in sich bergen, als "komplexe Wechselwirkungen plus enge Kopplung" (18) ist ein derartiges Konzept, das sowohl innere und äussere Beziehungen umfasst und so ein Raster für die Spezifizierung charakteristischer Merkmale von besonderen, sehr problematischen Teilmengen grosser technologischer Systeme liefert. Er erklärt damit sog. "Systemunfälle", d.h. sich eskalierende Defekte und Zusammenbrüche, die aus unerwarteten und unkalkulierbaren Wechselwirkungen von Systemkomponenten resultieren, deren Ursachen in strukturellen Eigenschaften wie "interaktiver Komplexität" und "enger Kopplung" liegen. Diese wiederum stehen in enger Beziehung mit innersystemischen strukturellen Eigenschaften wie dem Grad der Zentralisierung oder Dezentralisierung. In seinen Interpretationen legt Perrow viel Gewicht auf Machtaspekte, d.h. auf den Umstand, dass mächtige Organisationen solche Technologien auswählen, die die gegebenen oder gewünschten Machtkonstellationen und Formen der organisatorischen Kontrolle unterstützen.

Geht man noch einen Schritt weiter zu den grossen technologischen Infrastrukturen und Unterstützungssystemen, so gerät man bei der Analyse in die Nähe der prekären Dynamik der Industriegesellschaften mit ihrem Übergewicht sog. integrierter Produktionsweisen. Die technologischen Systeme der integrierten Produktionsweise "gründen auf der Organisation einer grösseren Zahl von Arbeitskräften um die Konzentration technischer Ausrüstungen, Kapitalien, Sachkenntnissen und Informationen herum; ihr wichtigster Trumpf ist eine hohe produktive Potenz, messbar z.B. als Output pro Zeiteinheit. Die integrierten Produktionswerkzeuge weisen deshalb diese hohe produktive Potenz auf, weil die Konzentration von Arbeitskräften und technisch-organisatorischen Mitteln in ein eng verbundenes System mit einer zentralen Zielsetzung integriert ist, dessen Funktionieren programmiert und voraussehbar ist. (...) In engem Zusammenhang mit der hohen produktiven Potenz steht die Art der gegenseitigen Abhängigkeiten, die die integrierten Produktionsweisen zwischen den Menschen begründen, damit das ganze System funktioniert. Die Integration setzt voraus, dass die Aktivitäten der Leute in eine Gesamtheit eingefügt werden, deren Struktur und Organisation durch rein funktionale Beziehungen festgelegt sind - Koordination von Ablaufprozessen und Zeitplänen, Festlegung technischer Normen, Planung und Steuerung von Arbeitsaufgaben, der Materialzufuhr, der Absatzmärkte etc. -, die die beteiligten Personen durch und in ihrer Arbeit notwendigerweise eingehen und einhalten müssen. Diese Programmierung von Arbeitsaufgaben hat immer einen Doppelaspekt: die relativ grosse Zahl von Leuten, die sie miteinander in Beziehung setzt, und der fixierte und starre Charakter der Beziehungen, die sie festlegt." (19)

In jedem Fall muss man fairerweise konstatieren, dass das Schicksal grosser Finanzimperien und praktisch aller Regierungen der Industrieländer aufs eng-

63

ste verknüpft ist mit ihren Strategien in bezug auf grosstechnologische Systeme: Keine von ihnen sieht sich in der Lage, sich dem internationalen Wettlauf um die Umgestaltung und die radikale Vergrösserung und Globalisierung existierender grosstechnologischer Systeme (Energie, Telekommunikation, Weltraumfahrt usw.) zu entziehen, und alle beurteilen die politischen und finanziellen Risiken "alternativer Entwicklungspfade" - aufgrund ihrer "Unberechenbarkeit" - als potentiell verhängnisvoll. Ein hohes Risikopotential ist fast per definitionem eine Folge der verschiedenen Unberechenbarkeiten sehr grosser Systeme.

Was also ist gross bei grosstechnologischen Systemen? Eine definitive Antwort auf diese Frage können nur systematische empirische Untersuchungen geben. In der Zwischenzeit muss man mit einer vorläufigen Skizzierung grosstechnologischer Systeme - im Gegensatz zu kleineren technologischen Systemen - Vorlieb nehmen. Als unbestreitbar gross sind solche technologischen Systeme anzusehen, die - im Sinne von Perrow - hinsichtlich ihrer Struktur eine hohe Komplexität und hinsichtlich ihrer Teilsysteme eine grosse Heterogenität aufweisen, und deren Komponenten bzw. Teilsysteme

1. untereinander über grosse Raum- und Zeitspannen gekoppelt sind, unabhängig von ihrer besonderen kulturellen, politischen, ökonomischen usw. Ausgestaltung, und

2. das Funktionieren einer sehr grossen Zahl von anderen technologischen Systeme unterstützen und in Gang halten, und damit deren Organisationen verknüpfen.

Vielleicht muss man noch hinzufügen, dass je umfassender der organisatorische Rahmen und die kulturelle Durchdringung, desto komplizierter und ausgeklügelter sind in grosstechnologischen Systemen die "Maschinerien" und die dadurch realisierten physischen Verknüpfungen, inklusive die ökologische Tiefenwirkung. Das praktische Engineering im Rahmen von grosstechnologischen Systemen wird damit zu einem "grossen" politischen Verhandeln und Entscheiden, so dass umgekehrt praktische Politik u.a. ein Verhandeln und Entscheiden über "grosse" Engineering-Aufgaben wird.

Grosstechnologische Systeme in diesem Sinne sind integrierte Transportsysteme, Wasserversorgungssysteme, einige Energiesysteme, militärische Verteidigungssysteme usw. Produktionstechnologien, einzelne Energieversorgungsunernehmen, Bürotechnologien, Hauhalttechnologien usw. sind in diesem Sinn keine grosstechnologischen Systeme - ausser sie sind integrale Bestandteile von ihnen.

3.3 Technologiefolgen-Abschätzung (TA)

Das Konzept der TA wurde anfangs der 60er Jahre in den USA entwickelt; seither hat es sich in sämtlichen Industrieländern ausgebreitet. Die TA lässt sich nicht konsensuell definieren. Sie beinhaltet ein offenes Konzept, welches stetig neuen Fragestellungen angepasst wird. Konstant ist allerdings die Problemperspektive dieses Ansatzes: Der technologische Wandel wird in einem wirtschaftlichen, politischen und kulturellen Zusammenhang gesehen. Früher basierte die TA auf der Vorstellung, dass neue Technologien alle übrigen Lebensbereiche determinieren würden (Technologie-Folgen). Heute dagegen wird von Wechselbeziehungen zwischen Technologie, Kultur, Wirtschaft und Politik ausgegangen. Nicht nur Ergebnis und Folgen technologischer Entwicklungen werden diskutiert. Genauso zentral sind die Mechanismen der Entstehung neuer Technologien. Mit dieser veränderten Problemperspektive sind auch die Forschungsstrategien im Bereich der Technologiefolgenabschätzung sowie die Untersuchungsanlagen komplexer geworden. Die TA wird nach einer Definition aus den früher 70er Jahren, die sich mit anderen Definitionen aus jener Zeit weitgehend deckt, bestimmt "als eine integrierte und systematische Abschätzung und Voraussage der wesentlichen (positiven und negativen; direkten und indirekten) Auswirkungen in den zentralen Bereichen einer Gesellschaft (Wirtschaft, Umwelt, Institutionen, Allgemeinheit, spezielle Gruppen), die bei Einführung oder Verändern einer Technologie auftreten". (20)

Heute stehen drei Funktionen der TA im Vordergrund: Erstens kann die TA die Funktion eines reaktiven Frühwarnsystems haben. Mögliche - positive und negative - Konsequenzen einer bestimmten technologischen Entwicklung sollen frühzeitig erkannt werden. Aktiv ist die TA zweitens dann, wenn sie hilft, einzuschlagende technologische Entwicklungen zu evaluieren und Alternativen auszuarbeiten. Langfristig ist die TA drittens dann, wenn Szenarien möglicher gesellschaftlicher Entwicklungen mit Vorstellungen technologischer Potentiale konfrontiert werden. (21) Die internationale Diskussion der TA zeigt, dass die zweite und dritte der hier angesprochenen Funktionen an wissenschafts- und technologiepolitischer Bedeutung gewinnen. In den meisten Industrieländern ist die TA in einem offenen Feld zwischen Politik, Verwaltung, Hochschulen, Wissenschaften und Wirtschaft institutionalisiert. Dieser Freiraum ermöglicht, die oben angesprochenen Funktionen wahrzunehmen.

Die gegenwärtig vorherrschende Vorgehensweise bei TA-Vorhaben setzt oft bei der Identifizierung von Risikokonstellationen an, verbreitert diese Analyse dann im Sinne der Einbeziehung sozio-ökonomischer und ökologischer Wirkungszusammenhänge. Darüberhinaus wird in zunehmendem Masse versucht, den Prozesscharakter politischer Entscheidungen in der Analytik der Studien zu berücksichtigen. Man kann sagen, dass eine TA-Analytik in ihrer entwickelten Standardform heute die Elemente Technologieprognose, Wirkungsanalyse und "policy"-Analyse umfasst. Demzufolge wird die Definition von TA erweitert: Man versteht jetzt unter TA allgemein "solche (bislang in der Regel politikorientierten) <u>Untersuchungs-</u> und <u>Beratungskonzepte</u> (...), die - teilweise verbunden mit einem systematischen Analyseanspruch - die Voraussetzungen der Entwicklung und Nutzung von Technik (oder Techniken) sowie die sich daraus ergebenden Implikationen für Umwelt und Gesellschaft zum Gegenstand haben". (22)

Ein zentrales Grundproblem der TA ist, dass das analytische Interesse vorwiegend auf die Folgen einer Technologie ausgerichtet ist, und bestenfalls am Rande auf

- die sozialen Bedingungen und Voraussetzungen einer Technologie, und

- ihren prozesshaften Charakter

eingegangen wird. Damit verknüpft ist die theoretische Annahme einer <u>Dualität von Technologie und Gesellschaft,</u> die zu einem technologiedeterministischen Folgenbegriff führt. Technologie wird als eine unabhängige Variable aufgefasst und zur eigentlichen Ursache der sozialen Veränderungen erklärt. Das Ergebnis der sozialen Veränderung stellt dann einen monokausal bestimmten Folgenkomplex dar, der an veränderten menschlichen Arbeits-, Verhaltens- und Einstellungsstrukturen zu analysieren sei. Diese These gilt für die überwiegende Mehrzahl der TA-Studien. Allerdings gibt es Ansätze, dass solche Vorstellungen von monokausal durch Technologie hervorgerufenen sozialen Folgen problematisiert werden: "Soziale Auswirkungen resultieren weniger aus der Technik als vielmehr aus den gesellschaftlichen Entscheidungen, die in dieser Technik zum Ausdruck kommen. Technik ist dann nicht selbst die

Ursache, die beeinflusst werden müsste - ihre sozialen Auswirkungen folgen in Wirklichkeit aus den sozialen Ursachen, die genau diese Technik hervorgebracht haben." (23)

Ein weiterer Versuch, den technologiedeterministischen Folgenbegriff zu lokkern, stellt das von K.M. Meyer-Abich vorgestellte Kriterium der Sozialverträglichkeit technologischer Entwicklungen dar. Sozialverträglichkeit soll Verträglichkeit einer technologischen Entwicklung mit der gesellschaftlichen Ordnung bedeuten: "Wer also z.B. eine bestimmte politische oder wirtschaftliche Entwicklung wünscht oder nicht wünscht, erfährt aus der Sozialverträglichkeitsprüfung, welche technologiepolitische Entscheidung mit der gewünschten Entwicklung konsistent oder nicht konsistent ist." (24) Sozialverträglichkeitsprüfungen wurden bislang nur für Energiesysteme durchgeführt. Darin liegt der Akzent auf dem politischen Entscheidungsprozess und dem Prozess der politischen Bewertung, wofür Akzeptabilitätskriterien aufgestellt werden, die sich auf politische und soziale Werte und Ziele beziehen. Neben technologischen und ökonomischen Kriterien stehen Fragen insbesondere der Verträglichkeit mit verfassungsrechtlichen Grundentscheidungen, wie Gesetzmässigkeit des Verwaltungshandelns, Demokratiegebot (politische Werte), Toleranzprinzip (soziale Werte) im Zentrum. Dafür sind nur qualitative Bewertungen leistbar: "Dabei werden Quantifizierungen in der Regel nicht möglich sein, weil soziale Beziehungen nur sehr unvollkommen durch soziale Indikatoren beschrieben werden können (...). Jedoch sind auch 'nur qualitative' Antworten auf die richtigen Fragen immer noch ungleich nützlicher als quantifizierte auf die falschen oder uninteressanten Fragen". (25) Dies zieht aber die Aufgabe nach sich, technologische Systeme in sozialen Begriffen zu erfassen: "Ein technisches System im Hinblick auf diese verschiedenen Gruppen von Zielen zu beurteilen, wird nun freilich erst dadurch möglich, dass es überhaupt in gesellschaftlichen Kategorien beschrieben wird, denn aus einer rein ingenieursmässigen Definition kann man noch lange nicht entnehmen, welches die sozialen Charaktere des betreffenden Systems sein werden, wenn es in eine gesellschaftliche Ordnung und Entwicklung eingebettet ist, wenn also Menschen in einer bestimmten historischen Situation und politischen Verfassung damit leben." (26) Sozialverträglichkeitsstudien verdeutlichen in jedem Fall, dass die weiterreichenden gesellschaftlichen Folgen technologischer Systeme für politische Entscheidungsoptionen von Bedeutung sind (die Akzeptabilität gesellschaftlicher Werte ist damit angesprochen), aber sie zeigen auch auf, dass mit verschiedenen technologischen Systemen auch unterschiedliche Interessen (die subjektive Akzeptanz) berührt werden. Das 1984 ins Leben gerufene Forschungsprogramm "Mensch und Technik - Sozialverträgliche Technikgestaltung" versucht beide Aspekte zu integrieren, wobei besonderes Gewicht auf die Partizipation der Betroffenen bei Verfahren technologischer Innovationen gelegt wird. Das Ziel dieses Programms wurde so formuliert: "Der Kerngedanke unseres Konzepts von Sozialverträglichkeit ist, die Durchsetzungschancen derjenigen gesellschaftlichen Bedürfnisse und Interessen zu stärken, die von der technischen Entwicklung im Bereich der Informations- und Kommunikationstechniken besonders betroffen sind und aufgrund struktureller Gegebenheiten keine angemessenen Möglichkeiten haben, sich gegen die einseitige Abwälzung der sozialen Kosten der technischen Entwicklung zur Wehr zu setzen." (27)

Das Instrument der TA hat seine Grenzen, darauf hat der US-amerikanische TA-Kritiker Tribe aufmerksam gemacht: "Es gibt immanente Grenzen der instrumentellen Rationalität, die mit der Auflösbarkeit einer Entscheidungssituation in eine Sammlung von Alternativen, mit der Differenzierbarkeit und klaren Abgrenzung dieser Alternativen, mit der Messbarkeit und Zurechenbarkeit von Effekten zu tun haben. Dies ist in der Kritik von formalen Modellen, insbesondere von Kosten-Nutzen- und verwandten Modellen häufig dargestellt worden. - Grundsätzlicher ist der Einwand, dass die instrumentelle Vernunft die Prozessorientierung bei der Technologieentwicklung vernachlässigt. Häufig kommt es nicht so sehr darauf an, die Ergebnisse und die Auswirkungen zu kennen, sondern die Kosten des Prozesses selbst abzuschätzen und auf die psycho-soziale gesellschaftliche Dynamik zu achten, die das Selbstverständnis des Menschen im Umgang mit seinen technischen Artefakten erfährt oder gar erleidet. Entscheidend ist ebensowenig, die Werthaltungen in der Zukunft zu kennen, um von diesem Vorgriff rückblickend die möglichen Wirkungen abzuschätzen, sondern zu prüfen, wie wir adäquatere Werte entwickeln und setzen können. Die technologische Entwicklung besteht in vieler Hinsicht nicht in der Wahl alternativer Zweck-Mittel-Relationen, sondern Technologien entwikkeln eine eigene Dynamik, der gegenüber Ziele und Mittel kaum mehr wählbar sind. Bei manchen Technologien (...) wird die Frage nach den Folgen schlicht sinnlos, weil der Mensch in seiner Integrität betroffen ist(...)." (28) Die Grenzen der instrumentellen Rationalität im Konzept der TA erhalten gerade mit Blick auf den politisch-administrativen Prozess ihre entscheidende Relevanz, denn durch das zunehmend wissenschaftlich systematisierte Wissen koppelt sich der politische Entscheidungsprozess von der unmittelbaren Erfahrung immer stärker ab. Auf diese Veränderungen des Gegenstandsbereichs Politik hat vor allem P. Weingart aufmerksam gemacht: "Diese (Folgenprobleme politischer Entscheidungen - Ergänzung W.B.) erschliessen sich jedoch kaum mehr durch Erfahrung, sondern nurmehr durch die systematische Kenntnis der betroffenen Gegenstandsbereiche. Die Strukturentscheidungen werden infolgedessen im Vertrauen auf und unter der Bedingung der wissenschaftlichen Erforschung unbekannter Zusammenhänge gefällt. Dies findet seinen Ausdruck in der Ausweitung des planenden und administrativen Sektors, sowohl im privaten, wie insbesondere auch im öffentlichen Bereich. Komplexität in dem angesprochenen Sinn ist deshalb auch eine Funktion der Erkenntnis von Sachverhalten und nicht eine Eigenschaft der Sachverhalte selbst." (29)

Die TA in ihrer klassischen Form geht von der These aus, dass die Vorstellung von der Konstruktion funktionssicherer technologischer Systeme mit einer generellen Unterstellung arbeiten muss, dass nämlich die Gesamtheit der Welt als "ein rational-kontrollierbares", geschlossenes und menschlicher Planung gehorchendes System aufgebaut werden könnte. Demgegenüber vertritt G. Picht, dass sich in der Realisierung solcher Systeme eine unübersehbare Menge nicht im voraus kalkulierbarer Nebenwirkungen und Rückkopplungseffekte einstellen, die den Kontext für den jene technologischen Systeme geplant waren, derart verändern, dass das System selbst nicht mehr seinen Zwecken dient: "Im Ganzen betrachtet ist die technische Welt nicht das Produkt rationaler Planung; sie ist vielmehr das Ergebnis der Nebenwirkungen unzähliger, mangelhafter oder gar nicht koordinierter technischer Einzelprojekte. Je mehr partikuläre Rationalität in unsere Weltordnung eingeführt wird, desto mehr steigert sich die Irrationalität des Gesamtsystems." (30)

Die Problematik der bisherigen einseitigen Verlagerung auf die Folgenseite der Technologie, d.h. ihre gesellschaftlichen Wirkungen, ist ein wesentlicher Grund für das wachsende Interesse für die Genese der Technologie. An G. Pichts Sichtweise sollte festgehalten werden, dass die "gesellschaftlichen Folgen" und "Nebenwirkungen" einer Technologie bereits mit ihrem Entstehungszusammenhang gegeben sind. Man kann sogar noch einen Schritt weiter gehen und argumentieren, dass die Abschätzung der technologischen Folgen eigentlich schier unmöglich geworden ist angesichts der enormen Dynamik der technologischen Entwicklung, die sich manifestiert

-   im sich beschleunigenden Tempo der technologischen Innovationen, wodurch sowohl die Zahl der Entdeckungen ansteigen als auch die Zeitspanne zwischen Ideen und neuen Produkten sich laufend verkürzen;

-   durch die grosse Vielfalt der Technisierung von Handlungsabläufen, die
    ein wachsendes Mass an Unübersichtlichkeit erzeugt, so dass niemand
    mehr einen Überblick über die wechselseitigen Wirkungen innerhalb von
    technologischen Systemen als auch zwischen ihnen hat, weshalb grosse
    Unsicherheiten entstehen;

-   in einem hohen Grad der Offenheit technologischer Konstruktionen ge-
    genüber sozialen Orientierungen, wodurch Gestalt und Umgangsformen
    immer weniger durch die technologische Funktionslogik festgelegt sind,
    sondern immer stärker durch organisierte Interessen und kulturelle Visio-
    nen bestimmt werden.

Hier liegen die tieferen Gründe dafür, dass man von der TA zur Technologie-
Genese übergehen muss.

3.4 Technologie-Genese und Technologie-Gestaltung

Die Beschäftigung mit den Folgen von Technologien hat lange Zeit von einer
Beschäftigung mit den Bedingungen der Entstehung, Erzeugung und Gestaltung von Technologien abgelenkt. Wenn aber immer deutlicher sichtbar wird,
dass technologische Produkte und neue Technologien als "gesellschaftliche
Projekte" entstehen und teilweise ausdrücklich so organisiert werden, umso
mehr wächst das Interesse an Arbeiten zur **Technologie-Genese**, deren pri-
märe Aufgabe ist, den gesamten Prozess und Bedingungsrahmen der Entstehung, Erzeugung und Gestaltung von Technologien zu untersuchen.

Eine neue Technologie ist nicht plötzlich einfach da. Vielmehr entwickelt sie
sich in vielen Schritten und über etliche Stufen von einer Erfindungsidee zu
einer technischen Konstruktionsvorstellung, vom Prototyp bis zur marktgängi-
gen Innovation. An diesem Prozess sind viele Akteure mit unterschiedlichen
Orientierungen und Einflussmöglichkeiten beteiligt, so dass sich in den aller-
meisten Fällen keine direkte und durchgreifende Steuerung der Technikgenese
aufzeigen lässt. Diesen vielschichtigen Prozess will eine Technologiegenese-
Forschung beschreiben und erklären. Ihre Konzepte und Methoden müssen auf
die spezifischen, zu analysierenden technologischen Systeme zugeschnitten sein,
d.h. die einzelnen technologischen Systeme müssen mit ihren Akteurkonstellationen, den Konfigurationen von Orientierungskomplexen und den spezifischen
kulturellen Leitbildern jeweils gesondert untersucht werden. Andernfalls be-

steht die Gefahr, dass man zu verallgemeinernde und vereinfachende Konzepte heranzieht wie beispielsweise, dass ausschliesslich die wirtschaftliche Verwertungslogik die Entwicklung und Anwendung von Technologien determiniere. In solchen reduktionistischen Konzepten und Erklärungsmustern liegt nicht nur ein zu einfaches Bild von Gesellschaft vor, das die verschiedenen sozialen Teilsysteme mit ihren spezifischen Orientierungen, Funktionsweisen und Interessen ausblendet, sondern auch eine viel zu enge Sichtweise von Technologie, die überall Maschinen, Aggregate, Apparate etc., also Artefakte identifiziert, und damit übersieht, dass ihr Gegenstand vielmehr die soziotechnischen Systeme sein müssen, in denen materielle und symbolische Operationen und soziale Handlungen miteinander verknüpft sind.

Die Technologiegenese umfasst einmal Theorien, die sich auf den gesamten Prozess der technologischen Entwicklung beziehen. Hierzu gehört die in einer sehr langen Tradition stehende anthropologische Perspektive. Die Anthropologie bestimmt den Menschen geradezu als "das Lebewesen, das Werkzeuge herstellt". Sie versucht die technologische Entwicklung damit zu erklären, dass die organische Ausstattung des Menschen nicht ausreicht, um sein Überleben sicherzustellen. Von Arnold Gehlen stammt das bekanntgewordene Wort, der Mensch sei ein "Mängelwesen" und "sinnesarm, waffenlos, nackt" wie es sei, entwickle es "Ergänzungstechniken, die uns organisch versagte Leistungen ersetze". (31) "Das kulturelle Produkt der erfinderischen Intelligenz, das die natürliche Instinktgebundenheit ablöst, sei die Grundlage dafür, dass Menschen verbessern und neu konstruieren auf den Gebieten, auf denen sie Mangel spüren. Demnach kann die Technikgeschichte so gelesen werden, als ob die Menschen eine Handlungsfunktion nach der anderen - von der Benutzung der Beine, der Körperkraft und der Betätigung der Hände und der Sinnesorgane bis hin zu den Operationen des zentralen Nervensystems - in technische Konstruktionen objektiviert hätten." (32)

Einen anderen Ansatz zur Geschichte der menschlichen Technologieentwicklung findet man bei Lewis Mumford. (8) Seine Grundidee ist, dass unterschiedliche Artefakte und Technologien auf soziokulturelle Erfindungen zurückgeführt werden können. In anderen Worten: Es sind die sozialen Mechanismen, kulturellen Einstellungen und Organisationsprinzipien von Gesellschaft, die Technologie in ihrer Entwicklung prägen, und nicht umgekehrt die Technologie, welche die Gesellschaft formt. "Folgt man der Grundidee von Mumford, kann es nicht das Ziel alternativer Technologieentwicklung sein, die herrschende "autoritäre", "umweltgefährdende" und "energieintensive" Technik radikal durch alternative Techniken zu ersetzen, sondern dann geht es darum, alternative Organisationsprinzipien für Produktion, Versorgung und Alltagshandeln zu entwickeln und zu erproben und diesen kulturellen Innovationen vorhandene Techniken einzupassen und sich daran neue Technikentwicklung orientieren zu lassen." (33) An dieser Argumentationsweise haben mehr soziologisch orientierte Technologiekritiker wie Ivan Illich angeknüpft. (34)

Einen dritten Ansatz zur Analyse der gesamten technologischen Entwicklung hat S. Colum Gilfillan begründet. (35) Anhand der Geschichte der Schiffahrt von den Einbaumvarianten bis zu den modernen Dampfschifftypen hat er 38 "soziale Grundsätze" der Erfindung herausgearbeitet: Es lohnt sich, daraus drei zentrale Grundsätze der Technologie-Entwicklung vorzustellen, weil sie sehr frühe Vorläufer der heutigen system- und evolutionstheoretischen Erklärungsmuster darstellen:

"Erstens ist für ihn die technische Entwicklung ein <u>vielfältiger und endloser Zustand von kleinen Modifikationen und Perfektionierungen</u>. Normalerweise sieht man nur die grossen technischen Neuerungen wie das erste Segelboot, das Mehrmastschiff oder den ersten Dampfer. Bei genauerer Sicht lösen sich solche Stufen in viele kleine Zwischenstufen auf, z.B. kannte der Raddampfer noch nicht das Prinzip der Schiffsschraube, oder Segel und Dampf wurden einige zeitlang auch als Antrieb gemischt. Bei einer stufenförmigen Sichtweise werden die kleinen Erfindungen und die Kombinationen bekannter Prinzipien übersehen, die grosse Folgen in der kumulierten Wirkung haben. Wie er auch am Beispiel unzähliger Varianten von Ruderbooten verschiedener Kulturen aufzeigen kann, bestehen die meisten Innovationen in evolutionären Modifikationen.

Zweitens sieht er in einer technischen Neuerung einen ganzen <u>Komplex aus den unterschiedlichsten Elementen</u>. Seinem sozialen Technikverständnis nach gehen darin nicht nur die konstituierenden Materialien und das Design des physikalischen Objekts ein, sondern auch die benötigten wissenschaftlichen Elemente, die Umgangsweisen, die Qualifikationen der Bedienungsmannschaft und das Management. Dieser gesamte verknüpfte Komplex - das soziotechnische System würde man heute sagen - macht dann z.B. das Segelboot eines Typs zu einem bestimmten Zeitpunkt aus.

Drittens besteht die technische Entwicklung für ihn grösstenteils aus <u>Neukombinationen und Milieuveränderungen des Transfers</u>. Eigentlich wird selten etwas wirklich neues erfunden, sondern die Erfindung ist in der Regel eine neue Verbindung bekannter Elemente. Damit wird die Technikentwicklung bei ihm schon in gewisser Weise als selbstbezüglicher Prozess eines ausdifferenzierten inventiven Systems gesehen. Das bedeutet, dass sich Ingenieure, Erfinder oder Bootsbauer an ihresgleichen orientieren, an den Werken oder an den Handbüchern der anderen. Durch diese Selbstbezüglichkeit entsteht eine gewisse Autonomie in der Technikentwicklung. Sie bleibt allerdings auf die Einbettung in die gesellschaftlichen Umwelten angewiesen. Herrschende können also in den seltensten Fällen direkt in diesen selbstbezüglichen Prozess eingreifen, indem sie einen bestimmten Typ von Kanonenboot zu konstruieren befehlen. Sondern das inventive System interpretiert von sich aus die Anforderungen des ökonomischen oder politischen Systems und bietet entsprechende technische Konstruktionen an. Zum Beispiel hat schon Leonardo da Vinci, wenn er einen neuen Arbeitsbereich und Geldmittel suchte, es sehr gut verstanden, 'mal neue Angriffsmaschinen, 'mal neue Befestigungsanlagen zu entwerfen. Nach erfolgreicher Bewerbung wandte er sich dann meist seinen andersartigen eigenen technischen Interessensgebieten zu. " (36)

Neben diesen wichtigen Ansätzen und Theorien zur Erklärung der gesamten technischen Entwicklung gibt es eine Reihe theoretischer und empirischer Studien, die sich auf die einzelnen Phasen des Entstehungszusammenhangs neuer Technologien beziehen. Ausgegangen wird nicht mehr von "der" Technologie, ihrer Entwicklungslogik und ihren Strukturmerkmalen, sondern die Technologien werden in ihrer Unterschiedlichkeit untersucht und die jeweiligen technologischen Entwicklungen werden stärker nach ihren Verlaufsphasen und nach den einzelnen gesellschaftlichen Handlungsfeldern differenziert.

Bei der Phase der **Technologiegestaltung** sind mit mit dem Forschungsprogramm zur Humanisierung der Arbeit die Probleme der sozialen Gestaltung und Einführung von neuen Technologien ins Zentrum des Interesses gerückt. (37) Es sind vor allem industrie- und techniksoziologische Arbeiten, in denen die technologische Entwicklung gegenüber unterschiedlichen Strategien als gestaltungsoffen angenommen und diagnostiziert werden. Hierher gehören die Arbeiten von Kern/ Schumann (38), in denen unterschiedliche Managementkonzepte für die konkrete Ausrichtung der Technisierung untersucht werden. Es zeigt sich, dass nicht nur im Bereich der Organisation, sondern ebenso bei der Technisierung beträchtliche Spielräume der Gestaltung gibt. Ob und wie sie genutzt werden, hängt nicht zuletzt davon ab, ob diese Spielräume überhaupt wahrgenommen werden und wie, weshalb u.a. die Strategien der Kombination und ihre spezifischen Gründe untersucht werden. Dabei stellt sich beispielsweise heraus, dass aus unterschiedlichen Kombinationen von technologischen Angeboten, spezifischen Marktbedingungen und institutionalisierten industriellen Beziehungen sich drei verschiedene "Entwicklungskorridore" für die technologische Entwicklung ergeben. (39) Schliesslich werden im Anschluss an die Krise der Massenproduktion nicht nur Organisation und Technologie auf betrieblicher Ebene, sondern die Entwicklungsalternativen ganzer regionaler Industrien wieder offener, d.h. abhängiger von Industrie- und Arbeitspolitiken, von der Verfassung der industriellen und regionalen Beziehungen und von den Strategiewahlen der einzelnen Akteure. (40)

Die zweite Phase ist jene der **technologischen Innovation**. Hier dominiert die ökonomische Innovationsforschung. (41) Das Hauptinteresse richtet sich auf Tempo und Richtung des technologischen Wandels. Empirische Untersuchungen zeigen, dass dafür institutionelle und organisatorische Faktoren wie die Höhe der Forschungs- und Entwicklungsausgaben in den Unternehmen und die betrieblichen Innovationsstrategien eine wesentlich stärkere Rolle spielen als die relativen Kosten der Produktionsfaktoren oder die Konkurrenz auf den Absatzmärkten. (42) Auf die wichtige Frage, ob die technologische Entwicklung durch einen Nachfragesog ("demand pull") oder durch einen Neuerungsschub ("technology push") geprägt wird, geben die Forschungsergebnisse die Antwort, dass die gängigen, meist defensiven Neuerungen der Nachfrage folgen und in der Regel eher geringe Gewinne mit sich bringen, während die radikaleren Basisinnovationen, wie sie bei riskanten Strategien durch unerwartete Durchbrüche entstehen, auf die Gesellschaft einen Angebotsdruck ausüben und zudem höchst profitabel verwertet werden können. Entscheidende Akteure im Sinne von Initianten sind im Falle der radikaleren Neuerungen eher Einzelerfinder und kleine, innovative Unternehmen. Sobald die Markteinführung jedoch ein hohes Risikokapital erforderlich macht, werden derartige Innovationen eher von marktbeherrschenden Grossunternehmen organisiert und kontrolliert. (43)

Schliesslich sind noch die **exemplarischen Fallstudien zur technologischen Entwicklung** zu erwähnen, die jeweils einen einzigen technologischen Entwicklungspfad in seinen verschiedenen Phasen rekonstruieren. In die Erklärungsmuster einzelner technologischer Entwicklungen werden heute viel stärker als früher akteurtheoretische Ansätze integriert, weil die unterschiedlichen Interessen der einzelnen ökonomischen und politischen Akteure immer wichtiger werden und ihre strategischen Visionen oft erst ihr technologisches Interesse genauer definieren, und auch, weil sich in technologischen Debatten wechselnde Koalitionen von Akteuren ergeben können. (44) "Wer überhaupt an solchen technologischen Debatten als relevanter Akteur teilnimmt, wie sich die politischen Arenen der Problemdefinition und -kontrolle im Wechselspiel von Koalitionsbildung und Gegenbewegung entwickeln und welche Richtung sich letztlich als legitimes Projekt durchsetzen kann, ist nicht von vornherein durch eine Blockstruktur der Interessen festgelegt, sondern ist auch dieser sozialen Dynamik der strategischen Akteure unterworfen. Neben den strukturell festgelegten Machtchancen spielen die Mobilisierungsfähigkeit z.B. von sozialen Bewegungen in Bezug auf einen Gegner und für eine eigene Vision (vgl. (13)) und die Fähigkeit zur Organisierung von argumentativen Diskursen (45) eine nicht zu vernachlässigende Rolle für die Orientierung einer technischen Entwicklung." (46) Ganz allgemein können kulturelle Traditionen, soziale Visionen und strategische Nutzungskonzepte für die technologische Entwicklung eine grosse Bedeutung haben. Dies wird auch im Vergleich zwischen verschiedenen Ländern deutlich, wo unterschiedliche Akteurkonstellationen, in Strukturen investierte Interessen und kulturelle Leitvorstellungen zu unterschiedlichen Geschwindigkeiten und Richtungen in der Entwicklung bestimmter Technologien führen können. (47)

Ein schon klassisches Beispiel ist die Arbeit von David T. Noble, in der er am Fall der numerisch gesteuerten Werkzeugmaschinen das Bestehen von technologischen Alternativen nachgewiesen hat. (5) Der numerisch-gesteuerten Werkzeugmaschine stand als Alternative die "record-playback"-Technik gegenüber. Bei der letzteren stellt ein Arbeiter ein Werkstück an der Maschine her, wobei die Bewegungen der Maschine auf einem Magnetband registriert werden. Bei der NC-Maschine hingegen werden die Spezifikationen für die Herstellung eines bestimmten Werkstückes in eine mathematische Form gebracht und via Programm in elektrische Signale für die Maschinensteuerung übersetzt. Noble's "technik- und sozialhistorische Fallanalyse verdeutlicht nicht nur, dass diese Lektion zwischen den beiden technischen Varianten durch die Interessen der stärkeren Akteure bestimmt wurde, sondern auch, dass zu unterschiedlichen Zeitpunkten die Akteure ihre Interessen verschieden definierten und sich auch wechselnde Marktkonfigurationen auf die Weiterentwicklung

der Technologie auswirkten. (vgl. zu dieser Deutung (48)) Am Anfang bestimmten die Militärs die Entwicklung, da sie für die Fertigung neuer Flugzeu-
ge besonders präzise Werkzeugmaschinen benötigten. Die Wissenschaftler und
Ingenieure hatten ein Interesse daran, mehr mathematische und technologische
Grundlagenforschung zu betreiben und finanziert zu bekommen. Die Unternehmen waren an der komplizierteren Variante weniger interessiert, da sie für
die normale Fertigung zu aufwendig und nicht·erforderlich war. Sie wurden
allerdings durch Verträge und ökonomische Anreize zu ihrer Nutzung bewegt.
In einer späteren Phase, als in Unternehmen häufige Streiks und Konflikte zwischen qualifizierten Arbeitern und Management entbrannten, interessierten
sich die Unternehmen für die NC-Technologie, um die starke Position der
Facharbeiter zu schwächen und den Fertigungsprozess vom Planungsbüro kontrollieren zu können. Schliesslich hat es bis heute starke Gegenbewegungen der
Arbeiter und Gewerkschaften gegen dieses Konzept gegeben, so dass sich in
manchen Betrieben das Programmieren auf der Werkstattebene wieder durchgesetzt hat." (49)

Ein anderes Beispiel für die Einflüsse bestimmter strategischer Nutzungskonzepte auf die technologische Entwicklung bietet das Telephon, ein gerade im
Hinblick auf die unterschiedlichen Erwartungen an die zukünftige informa-
tions- und kommunikationstechnologische Entwicklung wesentlich aufschluss-
reicheres Beispiel als jenes der Energietechnologie. Ithiel de Solla Pool kommt
in seiner rückblickenden Technologiefolgenabschätzung (50) zu dem erstaunli-
chen Ergebnis, "dass man zur Zeit der Erfindung des Telefons keine richtige
Vorstellung über die zukünftige Entwicklung dieser Technologie hatte. Nicht
einmal Thomas A. Edison, der Erfinder, hat zu Beginn darüber richtige Vor-
hersagen gemacht. Die Gründe dafür lagen in der Konkurrenz zur gerade ein-
gerichteten und sozial stabilisierten Telegraphie. Statt also, wie wir es heute als
selbstverständlich zu denken gewohnt sind, das Telefon zur Fernkommunika-
tion zu nutzen, wurde es in den Anfängen zum einseitigen Empfangen von
Nachrichten, Unterhaltung und Musik eingesetzt. Man konnte eine Nummer
anwählen und Bestellungen durchgeben oder sich die Zeitung vorlesen lassen
oder sich als Hörer in Theater- und Opernveranstaltungen einschalten Die in
die Telegraphie investierten Interessen und dieses einseitige Radiokonzept der
Nutzung verhinderten also längere Zeit die Entwicklung des Telefons zu dem
bekannten dialogischen Kommunikationsinstrument.

Dass auch die politische Kultur starken Einfluss auf die Technologie-Entwicklung nimmt, zeigt die Telefonstudie von Attali und Stourdze (50) auf. Sie vergleichen die Entwicklung des Telegraphie- und Telefonsystems in den USA und Frankreich. Die zentralistische Tradition in Frankreich hat in Verbindung mit militärischen und strategischen Interessen zum Ausbau eines staatlichen Zeichenübermittlungssystems geführt, anfangs in Form von Signalbäumen, später in Form der Telegraphie. Sie war zentral ausgelegt, d.h. Befehle wanderten von der Zentrale über Ketten an die Aussenstelle; Nachrichten an die Zentrale durften nur durch autorisierte Personen von den Aussenstellen an die Zentrale gegeben werden. Die Aussenstellen waren dem Publikum nicht zugänglich und häufig sogar militärisch befestigt und bewacht. Im Gegensatz zu dieser monologischen Struktur besteht das besondere Potential des Telefons darin, eine dialogische und dezentrale Struktur der Kommunikation, ähnlich dem Nervensystem, bilden zu können. Aber diese Eigenschaft, die sich in den USA zuerst im kommerziellen Bereich und dann auch im öffentlichen Verkehr schnell ausbreiten liess, verhinderte gerade seine Diffusion in Frankreich." (52)

Zusammenfassend lässt sich feststellen, dass in der heutigen Technologiegenese-Forschung system- und evolutionstheoretische Erklärungsmuster vorherrschen. (53) Nur sie sind offen für unterschiedliche Umweltkonstellationen und für spezifische Wirkungsmechanismen. In der Erzeugungsphase neuer Technologien sind die innovativen Strategien der einzelnen Akteure besonders wichtig (54); sie vergrössern das Spektrum an technologischen Varianten. Erst in der zweiten Phase beginnen besondere Selektionsmechanismen wirksam zu werden: Marktprozesse, der Staat, der kulturelle Wandel und andere Selektionsinstanzen. In der dritten Phase, der Institutionalisierung, sind die Technologien dann dauerhaft in die Gesellschaft eingebaut. Hier sind die Probleme ihrer langfristigen Irreversibilität zu verorten. Hat die Gesellschaft sich z.B. für die automobile Technologie entschieden und ihr Verkehrssystem entsprechend konzipiert und darauf eingestellt, so haben technologische Alternativen nur geringe Chancen und auch bei einer als notwendig erkannten Abkehr von dieser Technologie würde der Abbau dieses Systems vor kaum überwindbaren Schranken stehen. Allein aus dieser Überlegung heraus ist es sinnvoll, keine monopolartigen Technostrukturen auf den jeweiligen Gebieten zuzulassen, auch wenn sie zum Zeitpunkt der Selektion nach den Kriterien die ökonomisch selektivsten und sozial verträglichsten sind. <u>Die Erhaltung und Pflege einer Vielfalt von</u>

technologischen Varianten kann sich in Zeiten eines radikalen Wandels der Umwelt als ein Potential an Flexibilität und Innovativität erweisen.

Literatur:

(1)   z.B. F. G. Jünger: "Die Perfektion der Technik", Frankfurt/M. 1980; O. Spengler: "Der Mensch und die Technik", München 1931; H. Schelsky: "Auf der Suche nach Wirklichkeit", München 1979

(2)   A. Gehlen: "Die Seele im technischen Zeitalter", Reinbek 1957

(3)   H. Sachsse: "Anthropologie der Technik", Braunschweig 1978

(4)   R. Kreibich: "Die Wissenschaftsgesellschaft. Von Galilei zur High-Tech-Revolution", Frankfurt/M. 1986

(5)   D.F. Noble: "Maschinen gegen Menschen. Die Entwicklung numerisch gesteuerter Werkzeugmaschinen", Stuttgart 1981

(6)   A. Huxley: "Schöne neue Welt", Frankfurt/M. 1960

(7)   J. Ellul: "The Technological Society", New York 1964

(8)   L. Mumford: "Mythos der Maschine. Kultur, Technik und Macht", Frankfurt/M. 1977

(9)   R. Carson: "Der stumme Frühling", München 1963

(10)   B. Commoner: "Wachstumswahn und Umweltkrise", München 1973; "Energieeinsatz und Wirtschaftskrise", Reinbek 1977

(11)   H. und K. Alfvén: "M 70 - Die Menschheit der siebziger Jahre", Frankfurt/M. 1972

(12)   A. B. Lovins: "Sanfte Energie. Das Programm für die energiepolitische Umrüstung unserer Gesellschaft", Reinbek 1978; Amory B. Lovins et al.: "Wirtschaftlichster Energieeinsatz: Lösung des CO2-Problems", Karlsruhe 1981

(13)   A. Touraine: "Die antinukleare Prophetie. Zukunftsentwürfe einer sozialen Bewegung", Frankfurt 1982; R. Mayntz/Th. P. Hughes (Hrsg.): "The Development of Large Technical Systems", Frankfurt/M. 1988

(14)   T.P. Hughes: "Networks of Power", Baltimore/Londen 1983; "The Evolution of Large Technological Systems", in: W. E. Bijker et al. (Hrsg.): "The Social Construction of Technological Systems. New Directions in the Sociology and History of Technology", Cambridge/Mass. 1987

(15)   u.a. A. Kaijser: "From Local Networks to National Systems", in: F. Cardot (Hrsg.): "1880-1980: Un siècle d'électricité dans le monde", Paris 1987, S. 7-22

(16)   B. Joerges/G. Bechmann/ R. Hohlfeld: "Technologieentwicklung zwischen Eigendynamik und öffentlichem Diskurs: Kernenergie, Mikroelektronik und Gentechnologie in vergleichender Perspektive", in: B. Lutz (Hrsg.): "Soziologie und gesellschaftliche Entwicklung", Frankfurt/M. 1985, S. 355-374; J. Weyer: "European Star Wars: The Emergence of Space Technology through the Interaction of Military and Civilian Interest-Groups", in: E. Mendelsohn/P. Weingart (Hrsg.): "Sociology of the Sciences", Yearbook 12, Dordrecht 1988

(17)   Die Aufrechterhaltung jenes globalen grosstechnologischen Systems, das wir "Weltzeit" nennen, war nicht länger möglich, ohne das Greenwich-Observatorium an einen weniger verschmutzten Ort zu verlagern.

(18)   Ch. Perrow: "Normale Katastrophen. Die unvermeidbaren Folgen der Grosstechnik", Frankfurt/M. 1987

(19)   W. Bierter: Mehr autonome Produktion - weniger globale Werkbänke", Karlsruhe 1986, S. 131/132

(20)   M. Dierkes/K.W. Staehle: "Technology Assessment. Bessere Entscheidungsgrundlagen für die unternehmerische und staatliche Planung", Veröffentlichung des Battelle-Instituts e.V., Frankfurt/M. 1973, S. 5; Siehe auch: M. Dierkes et al. (Hrsg.): "Technik und Parlament. Technikfolgenabschätzung: Konzepte, Erfahrungen, Chancen", Berlin 1986; H. Paschen et al.: "Technology-Assessment: Technologiefolgen-Abschätzung", Frankfurt/M. 1978

(21)   Siehe dazu u.a. W. Bierter: "Not-wendige Kehre zu einer demokratisch fundierten und legitimierten Technologie- und Wissenschaftspolitik", in: U. Sarcinelli (Hrsg.) "Demokratische Streitkultur", Bonn 1990

(22)   V. von Thienen: "Konzept, Attraktivität und Nutzen des Technology Assessment oder: Ein Beratungsinstrument vor dem Hintergrund ungelöster Probleme des technisch-gesellschaftlichen Wandels", Wissenschaftszentrum Berlin, P 86-10, Berlin 1986

(23)   R. Huisinga: "Technikfolgenbewertung", Frankfurt/M. 1985, S. 19

(24)   K.M. Meyer-Abich: "Das Kriterium der Sozialverträglichkeit", in: K.M. Meyer-Abich/B. Schefold: "Wie möchten wir in Zukunft leben?", München 1981, S. 100; siehe auch R. Tschiedel: "Sozialverträgliche Technikgestaltung", Opladen 1989

(25)   K.M. Meyer-Abich, a.a.O., S. 99

(26)   K.M. Meyer-Abich, a.a.O., S. 103

(27)   U. v. Alemann/H. Schatz: "Mensch und Technik. Grundlagen und Perspektiven einer sozialverträglichen Technikgestaltung", Opladen 1986, S. 34

(28)   L.H. Tribe: "Technology assessment and the fourth discontinuity: The limits of instrumental rationality", in: Southern Californai Law Review 46/1973, S. 622

(29)   P. Weingart: "Wissensproduktion und soziale Struktur", Frankfurt/M. 1976, S. 216

(30)   G. Picht: "Technik und Utopie", in: G. Picht: "Hier und Jetzt: Philosophieren nach Auschwitz und Hiroshima", Band II, Stuttgart 1983, S. 337

(31)   A. Gehlen, a.a.O., S. 8

(32)   W. Rammert: "Technikgenese", in: Th. Kluge/B. Schmincke: "Technikfolgenabschätzung und Technikforschung", Arbeitspapier 5 der Forschungsgruppe Soziale Ökologie, Frankfurt/M. 1987, S. 6/7

(33)   W. Rammert, a.a.O., S. 7

(34)   I. Illich: " Selbstbegrenzung. Eine politische Kritik der Technik", Rein-
        bek 1975

(35)   S. C. Gilfillan: "The Sociology of Invention", Chicago 1970

(36)   W. Rammert, a.a.O., S. 8

(37)   Siehe u.a..:"Jahrbuch Arbeit und Technik 1991: Technikentwicklung -
        Technikgestaltung", W. Fricke (Hrsg.), Bonn 1991

(38)   H. Kern/M Schumann: "Das Ende der Arbeitsteilung? - Rationalisie-
        rung in der industriellen Produktion: Bestandsaufnahme, Trendbestim-
        mung", München 1984

(39)   B. Lutz/H. Hirsch-Kreiensen: "Vorläufige Thesen zu gegenwärtigen
        und zukünftigen Entwicklungstendenzen von Rationalisierung und Indu-
        striearbeit", in: Mitteilungen des Verbunds sozialwissenschaftlicher
        Technikforschung 1, Frankfurt/M. 1987, S. 158-165

(40)   M. J. Piore/Ch. F. Sabel: "Das Ende der Massenproduktion", Berlin
        1985; W. Bierter: "Mehr autonome Produktion - weniger globale
        Werkbänke", Karlsruhe 1986; W. Bierter: "Plädoyer für eine demokra-
        tische Technikkultur", Vortrag an der Fachkonferenz IG Metall "Wie
        wollen wir morgen arbeiten und leben ? Perspektiven der sozialen Ge-
        staltung von Arbeit und Technik", 6./7. Mai 1988 in Frankfurt in:
        "Technologieentwicklung und Techniksteuerung. Für die soziale Gestal-
        tung von Arbeit und Technik", Industriegewerkschaft Metall, (Hrsg.),
        Bund-Verlag, Köln 1988; B. Biervert/Kurt Monse (Hrsg.): Wandel
        durch Technik? Institution, Organisation, Alltag", Opladen 1990; R.
        Tschiedel: "Sozialverträgliche Technikgestaltung", Opladen 1989

(41)   Vgl. u.a. G. Mensch: "Das technologische Patt. Innovationen überwin-
        den die Depression", Frankfurt/M. 1975

(42)   Ch. Freeman: "The Economics of Industrial Innovation", Harmonds-
        worth 1974

(43)   N. Rosenberg: "Perspectives on Technology", Cambridge 1976

(44)   M. Callon: "Die Kreation einer Technik. Der Kampf um das Elektro-
        auto", in. W. Rammert et al. (Hrsg.): "Technik und Gesellschaft", Jahr-

buch 2, Frankfurt 1983, S. 140-160; M. Dierkes/A. Knie: "Technikgenese: Zur Bedeutung von Organisationskulturen und Konstruktionstraditionen in der Entwicklung des Motorenbaus und der mechanischen Schreibtechniken", in: B. Lutz (Hrsg.):" Technik in Alltag und Arbeit", Berlin 1989; A. Knie: "Diesel: Karriere einer Technik. Genese und Formierungsprozess im Motorenbau", Berlin 1990

(45)   vgl. H. Kitschelt: "Kernergiepolitik. Arena eines gesellschaftlichen Konflikts", Frankfurt/M. 1980

(46)   W. Rammert, a.a.O., S. 11/12

(47)   Vgl. u.a. B. Lutz/R. Schultz-Wild (Hrsg.): "Flexible Fertigungssysteme und Personalwirtschaft - Erfahrungen aus Frankreich, Japan, USA und der Bundesrepublik Deutschland", Frankfurt/M. 1982

(48)   W. Rammert: "Soziale Dynamik der technischen Entwicklung. Theoretisch-analytische Überlegungen zu einer Soziologie der Technik am Beispiel der 'science-based industry'", Opladen 1983

(49)   W. Rammert: "Technikgenese", in: Th. Kluge/B. Schmincke: "Technikfolgenabschätzung und Technikforschung", Arbeitspapier 5 der Forschungsgruppe Soziale Ökologie, Frankfurt/M. 1987, S. 12

(50)   I. de Solla Pool et al.: "Forecasting the Telephone: A Retrospective Technology Assessment of the Telephone", Norwood N.J. 1983

(51)   J. Attali/Y. Stourdze: "The Birth of the Telephone an Economic Crisis: The Slow Death of Monologue in French Society", in: I. de Solla Pool (Hrsg.): "The Social Impact of the Telephone", Cambridge/Mass. 1977

(52)   W. Rammert, a.a.O., S.13

(53)   Vgl. u.a. W. E. Bijker et al. (Hrsg.): "The Social Construction of Technological Systems", Cambridge/Mass. 1987; M. Callon et al. (Hrsg.): "Mapping the Dynamics of Science and Technology", London 1986; D. MacKenzie/J. Wajcman: "The Social Shaping of Technology", Philadelphia 1985; B. Joerges (Hrsg.): "Technik im Alltag", Frankfurt/M. 1988

(54)   A. Touraine: "Le retour de l'acteur", Paris 1984

4. AT als spezifische Form der Technologiepraxis und der Technologiewahl: eine integrierende Perspektive

4.1 AT und Technologie-Wahl

Kontroversen über technologische Veränderungen haben immer ausgesprochener einen direkten Bezug zu dem, was man als globale Problematik bezeichnen könnte, einem Komplex von miteinander verknüpften und wechselseitig sich laufend verstärkenden Einzelproblemen wie irreversible Schädigungen globaler und lokaler Ökosysteme, Bevölkerungsexplosion, rasche Verbreitung von Armut, unzureichende und mangelhafte Wirtschaftslage im Hinblick auf die Grundbedürfnisse der Menschen, Verknappung natürlicher Ressourcen usw.

Vor diesem Hintergrund haben sich in den letzten Jahrzehnten die Debatten über technologische Veränderungen intensiviert. Dabei tauchte jenseits der allzu vereinfachten und vereinfachenden Optionen einer unkritischen Annahme oder Ablehnung von Technologie das Konzept der Technologie-Wahl auf. Damit konnte deutlich werden, dass es erstens so etwas wie unangepasste Technologien und Technologie-Konzepte gibt, und dass diese zweitens zumindest mitverantwortlich für manche Fehlentwicklungen sind.

Die Unangepasstheit einer Technologie widerspiegelt sich in der Ernsthaftigkeit von unvorhergesehenen Nebenfolgen, oder durch die allmähliche - und unerwünschte - Veränderung in der Dynamik und Struktur einer Gesellschaft aufgrund ihrer einseitigen Abhängigkeit einer Technologie. Die Unangepasstheit einer Technologie kann davon herrühren, dass sie in einen Kontext verpflanzt worden ist, für den sie gar nicht konzipiert und entwickelt worden war, oder sie kann sich in schädigenden Folgen für eine bestimmte Gruppe von Menschen manifestieren, trotz ihrer Angepasstheit aus der Sicht anderer Gruppen. Eine Technologie kann sogar für die spezifischen Zwecke unangepasst sein, für die sie entwickelt worden ist, vielleicht aufgrund von technischer Inkompetenz der Entwickler oder der Unfähigkeit, die technischen Parameter mit den Erfordernissen des Operierens in der realen Welt effektiv in Übereinstimmung zu bringen.

Eng verbunden mit dem AT-Konzept ist das Konzept der Technologiewahl, das folgendermassen definiert werden kann:

- Es gibt sehr häufig eine Reihe alternativer technologischer Lösungen, die für die Erreichung primär gegebener Ziele in einem bestimmten Kontext geeignet sind;

- die Zahl der Alternativen in diesem Bereich kann durch bewusste Anstrengungen mit der Zeit vergrössert werden;

- alternative technologische Mittel, die für die Erreichung primärer Ziele ähnlich geeignet sind, können im Grad ihrer Eignung für die Erreichung sekundärer Ziele erheblich variieren;

- die informierte und bewusste Auswahl technologischer Mittel, die sowohl die Erreichung primärer als auch sekundärer Ziele berücksichtigt, in Verbindung mit Anstrengungen, das Spektrum an verfügbaren Alternativen im Laufe der Zeit zu verbreitern, ist ein wichtiges Element sozialer, wirtschaftlicher und ökologischer Politiken.

Die ökonomische Theorie hat Technologien zwar immer als einen wichtigen Produktionsfaktor angesehen, aber bis noch vor kurzem hat sie ihn fast immer als einen exogenen Faktor behandelt. Die Frage der Technologie-Wahl wurde deshalb nicht als besonders wichtig angesehen. Der Stand der Technologie in einer Wirtschaft wurde für eine bestimmte Periode als etwas "Gegebenes" betrachtet, der sich von Zeit zu Zeit änderte, weil es aufgrund der Arbeiten von Ingenieuren und Wissenschaftlern zu technologischen Durchbrüchen kam. Die Ökonomen gingen von der Annahme aus, dass unter idealen Bedingungen die Marktkräfte aus dem verfügbaren Grundstock von Technologien die optimalen Produktionssysteme und Produkte auswählen würden. Trotzdem hat es in der Ökonomie Denkrichtungen gegeben, die der Technologie eine grössere Aufmerksamkeit schenkten als sonst üblich war. (1) Gerade Entwicklungsökonomen haben in jüngster Zeit begonnen, ökonomische Modelle zu entwickeln, die sowohl Technologie - in bezug auf das ökonomische System - als endogenen Faktor behandeln als auch den Möglichkeiten Rechnung tragen, dass in lokalen Ökonomien Kräfte am Werk sein können, die zu einer suboptimalen Technologiewahl und Beschränkungen der wirtschaftlichen Entwicklung führen. (2) Im Bereich von Arbeiten zu Fragen der Unternehmensstrategien gibt es ein recht starkes Interesse an der Wichtigkeit von unternehmerischen Entscheidungen als wesentliche Bestimmungsfaktoren für technologische Innovation. (3) Technologiewahl wird also auch in der Ökonomie allmählich zu einem Thema. Aber

Vorläufer für das "policy"-Konzept der Technologiewahl war die AT-Bewegung. (4)

4.2 Vier Dimensionen der AT-Praxis

Einleitend haben wir grundsätzlich **AT als eine spezifische Weise einer Technologie-Praxis und der Technologie-Wahl** definiert. Eine AT-Praxis ist notwendigerweise dadurch charakterisiert, dass sie die folgenden vier wechselseitig voneinander abhängigen Dimensionen harmonisch integriert (5), nämlich die

- technisch-empirische,
- ökonomisch-ökologische,
- sozio-politische, und die
- sozio-kulturelle

Dimension.

Die technisch-empirische Dimension umfasst Aspekte von AT wie Technologie als Artefakte, die greifbaren Komponenten technischer Entwurfs- und Entwicklungsprozesse, und das empirisch gewonnene Wissen.

Die ökonomisch-ökologische Dimension umfasst Aspekte von AT, die sich u.a. auf die verschiedenen Formen der Ökonomie (Subsistenzwirtschaft, lokaler und kleinregionaler Tauschmarkt, grossregionale Ökonomie, globales Marktsystem) und ihre wechselseitigen Verknüpfungen mit diversen Ökosystemen beziehen.

Die sozio-politische Dimension umfasst Aspekte von AT, die einen Bezug haben zu Strategien und Aktivitäten von gesellschaftlichen Gruppen, sozialen Institutionen, Organisationen etc..

Die sozio-kulturelle Dimension beinhaltet jene Aspekte von AT, die sich auf Verhaltensweisen, Werte, Sitten und Gebräuche usw. beziehen.

Man kann berechtigterweise argumentieren, dass jede Technologie-Praxis - ob diese nun unter die Rubrik "AT" gestellt werde oder nicht - diese vier Dimensionen in unterschiedlichen Ausmassen beinhalte. **Das die AT-Praxis zentral auszeichnende Merkmal ist, dass** - wie bereits gesagt - **nur sie die-**

se vier **Dimensionen harmonisch integriert, so dass die technologischen Mittel in grosser Übereinstimmung mit ihrem Umfeld (Kontext) sind.**

In der AT-Bewegung gibt es sicherlich Gruppen und Einzelne, die sich mehr
auf nur eine der vier Dimensionen konzentrieren, aber man kann eine klare
Tendenz beobachten, in wachsendem Masse alle vier Dimensionen ernst zu
nehmen und als voneinander abhängig zu verstehen. Die in Kapitel 2 zusam-
mengefassten Kritiken an der AT zeigen, dass z.B. die aus einem eher politischen Blickwinkel formulierten Kritiken selektiv die technisch-empirische Dimension in den Mittelpunkt stellen und argumentieren, dass die sozio-politischen Faktoren entscheidend seien. Kritiker mit einer technisch-empirischen
Orientierung dagegen argumentieren, es würden zugunsten von Aktivitäten,
die schwerpunktmässig sozio-politischer und sozio-kultureller Natur seien, die
technisch-empirischen Faktoren vernachlässigt. Also auch jede Kritik an der
AT sollte diese miteinander verwobene Vierdimensionalität der AT-Praxis anerkennen.

An dieser Stelle ist es wahrscheinlich angebracht und notwendig, nochmals auf
die fundamentale Unterscheidung zwischen einzelnen angepassten Technologien und der Strategie und Methodologie, mit deren Hilfe sie entstehen, also
von AT als einer spezifischen Technologie-Praxis, aufmerksam zu machen.
Mit angepassten Technologien (aT) werden aufgrund unserer artefakt-bezoge-
nen Definition (aT: siehe Definitionen in Kap. 1.2) Technologien bezeichnet,
die als relativ effiziente Mittel mit ihrem spezifischen Umfeld (Kontext) verträglich sind. Weil es aber beliebig viele unterschiedliche Kontexte gibt, in denen Artefakte entwickelt und entfaltet werden können, ist es von entscheiden-
der Wichtigkeit, davon die Angepasste Technologie (AT) als eine spezifische
Technologie-Praxis bzw. Innovationsstrategie zu unterscheiden. Damit wird
deutlich, dass der Nachdruck auf die Vorgehensweisen und Methodologien für
die Entwicklung, Umsetzung, Verbreitung und Modifizierung von angepassten
Technologien gelegt wird, und weniger auf die Gesamtheit von aktuellen Technologien, die zu einer gegebenen Zeit als typisch für AT angesehen werden
können.

Diese Definitionen und Unterscheidungen schliessen jede statische Konzeption
von AT aus: Bevor der Prozess der Auswahl und des "Zuschneiderns" von
Technologien, um im Einklang mit ihren Kontexten zu sein, nicht eingeleitet
und vorangetrieben worden ist, sollten Technologien nicht als "angepasst" be-

trachtet und bezeichnet werden. Weil die verschiedenen Aspekte im vierdimensionalen Kontext einer Technologie ihrerseits nicht statisch sind, ist die Vorgehensweise, die dafür Gewähr leisten soll, dass Technologien angepasst sind, notwendigerweise eine dynamische.

Die Technologie-Wahl als ein kardinaler Grundzug der AT-Innovationsstrategie hat weitreichende Konsequenzen. So ist beispielsweise die Wahl zwischen alternativen Energiepolitiken und damit verbundenen Technologien nicht bloss eine Wahl von Technologien: es ist ebenso eine Wahl der Art und Weise das Leben zu fristen, der Lebensqualität also, des Lebensstils und der Form eines Gemeinwesens und sogar der Struktur einer Gesellschaft. Analoges könnte anhand von anderen Beispielen - der Abfallproblematik usw. - gesagt werden. Der springende Punkt ist nun, dass von einem streng technischen Gesichtspunkt aus gesehen jede Option als machbar erscheint. In der AT-Perspektive hingegen kann die Wahl nicht auf eine bloss technische Wahl reduziert werden. Jedes Gemeinwesen muss eine Wahl darüber treffen, welche Option oder Kombination von Optionen es realisieren will. Eine solche Wahl ist alles andere als einfach, weil sie auf einer umfassenden Erwägung der die vier Dimensionen des spezifischen Gemeinwesen-Kontextes charakterisierenden Paramter beruhen muss.

4.3 AT und Technizität

Die in Kap. 1.2 getroffene Unterscheidung zwischen technisch und technologisch ist hier wichtig. Der Umfang der realen Wahlmöglichkeiten zwischen alternativen Optionen ist in den beiden Fällen ein anderer. Von technischen Phänomenen reden wir im Falle von effizienten, rationalen, instrumentellen, spezifischen, präzisen und ziel-orientierten Operationen. M.a.W.: Technische Phänomene weisen einen hohen Grad an Technizität auf. Technizität ist ein notwendiges Merkmal von Technologie (Zur Erinnerung: Technizität bezeichnet den Grad der Kopplung bzw. den Grad der Fixiertheit der Operationsabläufe in einem technologischen System). Der Grad der Technizität einer Technologie variiert allerdings beträchtlich zwischen verschiedenen Technologien. Wenn im Verlauf der Geschichte die für ein besonderes Gebiet der Technologie-Praxis verfügbare Technologie von der Technizität beherrscht wird, sind real nur noch wenig bedeutungsvolle Wahlmöglichkeiten verfügbar - auch wenn es im Prinzip keinerlei physikalischen Gründe gibt, weshalb solche

Wahlmöglichkeiten nicht existieren sollten. So erscheint beispielsweise die Technologie-Praxis im Bankensektor zunehmend technologisch zu werden - was man ablesen kann am rasch wachsenden Einsatz von Informatikmitteln für fast alle Bank-Dienstleistungen. Das Bedürfnis nach Vereinbarkeit der technologischen Systeme der verschiedenen Finanzinstitute und -organisationen scheint zu einer internationalen Konvergenz in der Banken-Technologiepraxis und zu höheren Niveaus der Technizität in dieser Technologiepraxis zu führen. Wenn diese Trends zunehmen, so können für Organisationen und Einzelpersonen die Wahlmöglichkeiten zwischen verschiedenen Mitteln Finanztransaktionen durchzuführen, erheblich eingeschränkt werden.

Dies will allerdings nicht heissen, dass in Bereichen, wo die Technologie-Praxis hoch technisch ist - wie z.B. bei der Computertechnologie - jegliche Technologiewahl von vorneherein ausgeschlossen ist. Wenn "Technologie" sich auf einen individuellen technischen Prozess bezieht (z.B. die direkte Umwandlung von Sonnenstrahlung in Strom durch amorphe Siliziumzellen), so gibt es innerhalb dieses Prozessbereiches wahrscheinlich nur sehr beschränkten Raum für Wahlmöglichkeiten. Wenn sich "Technologie" aber auf ein allgemeines Feld der Technologie-Praxis bezieht (z.B. Umwandlung von Sonnenenergie in eine für menschliche Zwecke nutzbare Energieform) wird sich die Bandbreite der Wahlmöglichkeiten spürbar vergrössern.

Die getroffene Unterscheidung zwischen Technologie-Praxis, Technologie und Technizität ist noch aus einem anderen Grund von grosser Bedeutung. Mit Technizität wird eine Art von Prozess oder von Rationalität bezeichnet, die gegenüber menschlichen Zwecken autonom ist. Deshalb sollte eine als autonom bezeichnete Technologie als eine Technologie-Praxis verstanden werden, die durch die Dominanz von Technizität charakterisiert ist. Von einer "angepassten Technizität" zu sprechen, wäre völlig absurd, weil Technizität nur für Umgestaltungen offen ist, die sich auf sie selbst beziehen. In bezug auf Technizität sind die einzig verfügbaren Optionen

-      das Setzen von Grenzen bzw. die Beschränkung von Technizitätsgraden in verschiedenen Bereichen menschlicher Aktivitäten,

-      das bewusste Vorantreiben derartiger "autonomer technologischer Systeme" mit hohen Technizitätsgraden, oder

-      das Misslingen, der Technizität Grenzen zu ziehen.

"Autonome Technologie" (6) sollte also als abkürzende Bezeichnung für eine Technologie-Praxis verstanden werden, wo dem Umfang und der Dominanz von Technizität keinerlei Grenzen gesetzt werden. Der integrierende Rahmen von AT als einer bestimmten Form von Technologie-Praxis erfordert, dass Menschen und Gemeinwesen in der Lage sind, Technologien zu kontrollieren und eine technologische Option gegenüber einer anderen auszuwählen. Eine Technologie-Praxis, die von einer technischen Rationalität beherrscht wird, die zu Technologien mit einem hohen Grad von Technizität führen, so dass praktisch keinerlei Freiheitsgrade der Umgestaltung, Umwandlung, Ein- und Anpassung an jeweils vorliegende Kontexte mehr existieren, schliesst die Möglichkeit der Kontrolle und der Auswahl aus. Deshalb müssen Angepasste Technologie und Autonome Technologie als völlig gegensätzliche Arten der Technologie-Praxis angesehen werden. Solange aber die Technologie-Praxis in einem Gemeinwesen nicht von einer extremen Technizität beherrscht wird, ist die AT-Innovationsstrategie eine realistische Möglichkeit. Kontrolle und Auswahl von Technologie ist nur möglich, wenn der Technizität von technologischen Systemen bewusst Grenzen gesetzt werden. Mit anderen Worten: In bezug auf Technologien stellt sich menschliche und soziale Autonomie keineswegs von selbst ein, sondern sie erfordert bewusste und gemeinsame Anstrengungen. Von daher kann man <u>AT als eine Form der Technologie-Praxis bezeichnen, die eine gute technologische Einpassung in die jeweiligen Umfelder erreichen will und die der Technizität bewusst Grenzen setzt</u>. Das Auferlegen von Grenzen für die Technizität garantiert selbst noch nicht, dass die Technologie-Praxis "angepasst" ist, aber dies schafft eine wesentliche Vorbedingung für die Implementierung von AT.

4.4 AT und endogene technologische Entwicklung

Zu der integrierenden Perspektive von AT als einer Technologie-Praxis, die darauf abzielt, eine grosse Übereinstimmung der technologischen Mittel mit ihrem Umfeld zu erreichen, gehört weiter das Vorantreiben einer **endogenen technologischen Entwicklung**. Endogene technologische Entwicklung bezieht sich auf eine Form der sozialen und ökonomischen Entwicklung, wo Technologie eine bedeutende Rolle spielt und wo sie vorwiegend aufgrund der inneren Dynamik eines in Frage stehenden Landes oder Gemeinwesens erzeugt, vorangetrieben und weitergeführt wird. In Anlehnung an Willoughby

(7) lassen sich mindestens drei Aspekte einer endogenen technologischen Entwicklung unterscheiden:

1. Endogene Innovation:

Innovation ist ein wichtiger Teil der technologischen Entwicklung, weil u.a. das Umfeld der Wirtschaft sich verändert und nicht statisch bleibt. Deshalb ist ein kontinuierlicher Innovationsprozess nötig, um Gewähr dafür zu haben, dass sich Technologie und Wirtschaft an ihr sich änderndes Umfeld anpassen. Die in einem Gemeinwesen operierenden Technologien können in bezug auf ihr Umfeld unangepasst werden - sogar wenn sie ursprünglich aufgrund von AT-Prinzipien ausgewählt worden sind. Endogene Innovation ist also ein ganz wesentlicher Teil einer endogenen technologischen Entwicklung.

Unter endogener Innovation wird ein Prozess verstanden, wo der Anlass und die Ressourcen für die Umgestaltung einer Technologie aus dem betreffenden Gemeinwesen selber und nicht von ausserhalb stammen. Eine Politik, die das Schwergewicht auf eine lokale und regionale wirtschaftliche Entwicklung legt, führt ziemlich direkt zur Vorstellung der endogenen Innovation. Denn eine Technologie ist wahrscheinlich mit ihrem lokalen und regionalen Umfeld wesentlich angepasster, wenn sie von den in diesem Umfeld lebenden Menschen mit ihren genauen Umfeldkenntnissen entwickelt worden ist. Zudem ist die lokale und regionale Bevölkerung eher um die längerfristigen Einwirkungen einer Technologie auf ihr Gemeinwesen besorgt.

Ein weiterer Grund für ein starkes lokales und regionales Engagement im Prozess der endogenen Innovation liegt bei den menschlichen Fähigkeiten und Fertigkeiten, die in einem hohen Masse erforderlich sind, will man eine grosse Übereinstimmung von Technologie und Umfeld erreichen. Kommt der Anstoss für technologische Innovationen normalerweise von ausserhalb, so werden sich tendenziell auch die wichtigen erforderlichen Fähigkeiten und Fertigkeiten ausserhalb des Gemeinwesens ansammeln. Eine Vernachlässigung der endogenen Innovation kann zu einer sich selbst verstärkenden Abwärtsspirale der Verfügbarkeit von Fähigkeiten und Fertigkeiten führen, so dass man immer weniger in der Lage ist, selber lokale und regionale technologische Probleme anzupacken.

2. "Self-Reliance":

"Self-Reliance" ist seit jeher ein Thema in der AT-Bewegung und bildet einen wichtigen Aspekt der endogenen technologischen Entwicklung. (8) Die Betonung einer wirtschaftlichen "Self-Reliance" steht in engem Zusammenhang mit der wachsenden Bedeutung der globalen Wirtschaft und der damit einhergehenden wachsenden Verflechtung zwischen den export-orientierten Teilen der Ökonoie fast aller Länder. Lokale und regionale Ökonomien hängen für ihre Gesundheit zunehmend von der globalen Wirtschaft und dem Zugang zu den Weltmärkten ab. Der weitaus grösste Teil lokaler und regionaler Ökonomien im Süden und Osten, aber auch in Gewissen Teilen der Industrieländer, ist von andauernder Arbeitslosigkeit, wirtschaftlicher Armut und Stagnation, und einer fortschreitenden Zerstörung der natürlichen Umwelten und der Lebensqualität konfrontiert. (9) Dies stellt das Sich-verlassen auf export-orientiertes wirtschaftliches Wachstum und auf von aussen kommende ökonomische und technologische Revitalisierung von lokalen und regionalen Ökonomien noch stärker in Frage als vor einem oder zwei Jahrzehnten. Für lokale Gemeinwesen und Regionen ist wirtschaftliche "Self-Reliance" eine Alternative zur Abhängigkeit von den unberechenbaren und unbeständigen Kräften des Weltmarktes. Wirtschaftliche "Self-Reliance" ist keineswegs ein sofortiges Heilmittel, um aus der Armutsspirale und der Unterentwicklung herauszukommen, aber sie ist längerfristig sicherlich wirksamer als Passivität und Selbstgefälligkeit.

Wirtschaftliche "Self-Reliance" erfordert wenn immer durchführbar, dass der Verwendung lokaler und regionaler Ressourcen der Vorrang vor jener externer Ressourcen gegeben wird. Solche lokalen und regionalen Ressourcen, die oft untergenutzt sind und mobilisiert werden können, umfassen u.a.: die ungenutzten Talente und die Arbeitskraft von nicht und unterbeschäftigten Menschen; untergenutztes Land; Abfallmaterialien; lokale Finanzüberschüsse, die mit Hilfe von regionalorientierten Banken lokal rezirkuliert werden können. Der eine lokale und regionale wirtschaftliche Entwicklung hauptsächlich begrenzende Faktor liegt weniger in einer Knappheit von Ressourcen aller Art, sondern im völligen Fehlen oder in der fehlenden Verpflichtung zur Schaffung von Institutionen zur Mobilisierung von lokalen und regionalen Ressourcen.

Die AT-Innovationsstrategie gründet auf der Voraussetzung, dass gewisse Formen der Technologie-Praxis für wirtschaftliche "Self-Reliance" geeigneter sind als andere. Einige Technologien können für ein bestimmtes Gemeinwesen völlig unangepasst sein, wenn dieses Gemeinwesen nicht in der Lage ist, die für das Betreiben dieser Technologien erforderlichen Ressourcen zu erhalten. Viele wirtschaftlich erfolgreiche Beispiele machen aber hinreichend deutlich, dass wirtschaftliche "Self-Reliance" für lokale und regionale Gemeinwesen eine durchführbare Option sein kann und dass eine sorgfältige Auswahl von Technologien, die auf das lokale und regionale Umfeld "zugeschneidert" sind, einen Schlüssel zum Erfolg darstellen. In diesem Sinne kann AT als Mittel zur Mobilisierung lokaler und regionaler Ressourcen für eine lokale und regionale wirtschaftliche Entwicklung betrachtet werden.

3. Technologische Mischung:

Ein weiterer Aspekt der endogenen technologischen Entwicklung betrifft das Erreichen einer guten technologischen Mischung - einer Mischung, die sowohl der konkreten Situation eines lokalen Gemeinwesens oder einer Region Rechnung tragen und die bezüglich des wirtschaftlichen und sozialen Lebens Vielfalt ermöglichen soll. Die Wichtigkeit, eine gute technologische Mischung zu erreichen, folgt unmittelbar aus dem AT-Konzept. Der Kontext, in dem Technologien operieren, ist immer jene vierdimensionale Mannigfaltigkeit, die weiter oben charakterisiert worden ist. Der Begriff der technologischen Übereinstimmung mit einem gegebenen Kontext hat nicht nur für einzelne Technologien Gültigkeit, sondern für die ganze Mischung von in einem lokalen Gemeinwesen oder in einer Region verwendeten Technologien. Diese Mischung von Technologien sollte die Komplexität des gesamten Kontextes berücksichtigen, pflegen und aufrechterhalten - in Analogie zu Ökosystemen, deren Gesundheit und Dauerhaftigkeit vom Vorhandensein einer grossen Vielfalt abhängt. Bleibt man im Bilde der Ähnlichkeit von Systemen der Technologie-Praxis mit Ökosystemen, so kann man schlussfolgern, dass die Pflege und Aufrechterhaltung der technologischen Vielfalt ein wesentlicher Schlüssel für die Stabilität und Dauerhaftigkeit von lokalen Gemeinwesen und Regionen darstellt.

AT ist mit der Ansicht verbunden, dass das längerfristige technologische und wirtschaftliche Vermögen eines Gemeinwesens oder einer Region verknüpft ist mit der Vielfalt ihrer technologischen Grundlage. Eine gute technologische Mischung ist eine wesentliche Voraussetzung für die "Self-Reliance" von Gemeinwesen und Regionen. Die Möglichkeit, sich auf ein breites Spektrum von technologischen Fähigkeiten und Fertigkeiten sowie von wirtschaftlichen Aktivitäten abstützen zu können, ist ein weiterer wichtiger Schlüssel für wirksame lokale und regionale Innovationen. Ist die technologische und wirtschaftliche Basis eines Gemeinwesens zu eng, so kann die Fähigkeit dieses Gemeinwesens, sich ändernden Umständen und Situationen anzupassen, stark eingeschränkt sein. Eine AT-Innovationsstrategie würde in einem solchen Fall darin bestehen, die technologische Basis zu verbreitern.

Literatur:

(1) u.a. P. A. David: "Technical Choice, Innovation and Economic Growth", Cambridge 1975; N. Rosenberg: "Inside the Black Box: Technology and Economics", Cambridge 1982; A.K. Sen: "Choice of Techniques", Oxford 1968

(2) Y. Hayani/V. Ruttan: "Agricultural Development: An International Perspective", London 1985

(3) R. A. Burgelman/M. A. Maidique: "Strategic Management of Technology and Innovation", Homewood/Ill. 1988; R. Coombs et al.: "Economics and Technolocial Change", London 1987; O. Granstrand: "Technology, Management and Markets", London 1982; B. Twiss. "Managing Technological Innovation", London 1986

(4) F. Stewart: "Technology and Underdevelopment", London 1978; F. Stewart Hrsg.): "Macro-Policies for Appropriate Technology in Developing Countries", London 1987; F. Stewart/h. Thomas/T. de Wilde (Hrsg.): "The Other Policy. The influence of policies on technology choice and small enterprise development", London 1990

(5) A. Pacey: "The Culture of Technology", Cambridge/Mass.1983 (Er unterscheidet "technische", "organisatorische" und "kulturelle" Dimensionen der Technologie-Praxis); M. Schwarz/M. Thompson: "Divided We Stand.

Redefining Politics, Technology and Social Choice", New York 1990;
K.W. Willoughby: "Technology Choice", London 1990

(6) L. Winner: "Autonomous Technology: Technics-Out-of-Control as a The-
me in Political Thought", Cambridge 1977; L. Winner: "The Whale and
the Reactor. A Search for Limits in an Age of High Technology",
Chicago 1986

(7) K.W. Willoughby: "Technology Choice", London 1990, S. 285ff

(8) J. Galtung: "Self-Reliance", Oslo 1976; J. Galtung/P. O'Brien/R. Preis-
werk (Hrsg.): "Self-Reliance: A Strategy for Development", Geneva 1980

(9) Siehe u.a. E. Altvater et al. (Hrsg.): "Die Armut der Nationen. Handbuch
zur Schuldenkrise von Argentinien bis Zaire", Berlin 1987; S. George:
"Sie sterben an unserem Geld. Die Verschuldung der Dritten Welt", Reinbek 1988

5. Die Zukunft von AT

Technologie ist in der heutigen Welt ein Schlüsselfaktor. Die Allgegenwart von Technologie in der gegenwärtigen Gesellschaft bedeutet, dass die meisten der wichtigen sozialen, politischen, ökonomischen und der Umweltprobleme eine technologische Dimension haben. Allerdings ist der Status von Technologie in der Öffentlichkeit ein ambivalenter: Technologie wird nicht nur als Quelle von Lösungen angesehen, sondern ebenso als Verursacher von Problemen.

Mit dem Auftauchen der Angepassten Technologie in den letzten Jahrzehnten brach sich eine andere Sichtweise auf die Problematiken von Technologie, Gesellschaft und Umwelt und gleichzeitig eine andere Vorgehensweise zu ihrer Bewältigung Bahn. Die AT-Bewegung, inspiriert von einer Zukunftsvision eines konvivialen Zusammenlebens von Menschen und Natur, initiierte eine sich ausbreitende Welle von technologischen Experimenten. AT war eine neue Hoffnung für die Armen im Süden wie im Norden, ihr wirtschaftliches Schicksal endlich in die eigenen Hände nehmen zu können und allmählich auf eine Zukunft hinzuarbeiten, die sowohl in bezug auf die Umwelt als auch in sozialer Hinsicht halt- und tragbar war. AT war also so etwas wie die technologische Verkörperung dieser Hoffnung.

Die integrierende Auffassung von AT - verstanden als eine spezifische Weise einer Technologie-Praxis, die auf der Technologie-Wahl (siehe Kap. 4.1) und auf der harmonischen Integration der vier Dimensionen (technisch-empirische, ökonomisch-ökologische, sozio-politische und sozio-kulturelle) beruht (siehe Kap. 4.2), so dass die technologischen Mittel in grosser Übereinstimmung mit ihrem Umfeld (Kontext) sind - führt zu einem überzeugenderen und allgemeiner anwendbarem Konzept von AT, als das früher eher vorherrschende, artefakt-orientierte, das AT primär als eine besondere Auswahl von Technologien für spezifische Situationen begriffen hat. Das integrierende AT-Konzept erlaubt und erfordert eine gemeinsame und vor allem kohärente Erörterung von Technologien (Artefakten), technologischen Prinzipien, alternativen Vorgehensweisen, sozialen und ökonomischen Zielen, physischen Parametern und ökologischen Auswirkungen. Damit kann ein breites Spektrum von sozialen und menschlichen und von Umwelterfordernissen aus der gemeinsamen Perspektive der Technologie-Praxis betrachtet und angegangen werden.

Bislang ist AT trotz einer stattlichen Liste von erfolgreichen praktischen Projekten nicht zur vorherrschenden Technologie-Praxis geworden. Dafür mag es eine Reihe von Gründen geben:

- Gewisse früher fast ausschliesslich von AT verfochtene Themen wie etwa die Kontextabhängigkeit und der Prozesscharakter jeglicher Technologie bzw. Technologie-Praxis sind inzwischen bis zu einem gewissen Grad auch bei Unternehmern und bei Ökonomen aktuell. Davon zeugen u.a. neuere betriebliche Produktionskonzepte, wo ein hohes Mass an Flexibilität, Dezentralität und Geschmeidigkeit realisiert ist, oder auch überbetriebliche bzw. regionale Produktionskonzepte, wo kleinere Betriebe netzwerkartig zusammenarbeiten. (1) Aufgrund solcher Entwicklungen hat AT keinen derart "alternativen" Charakter mehr.

- AT wird in manchen Politikbereichen zwar nicht als solche in Frage gestellt, aber es wird ihre universelle Anwendbarkeit bestritten und ihre Gültigkeit und Machbarkeit nur für spezielle Situationen - wie sie z.B. in Dritt-Welt-Ländern vorliegen würden - anerkannt.

- Der Begriff "AT" wird weniger häufiger als früher verwendet, nicht weil das Konzept überholt wäre, sondern weil manche ehemals aktive Mitglieder von AT-Organisationen in zentrale Organisationen und Institutionen übergewechselt sind, wo sie häufig AT-Prinzipien anwenden und in die Praxis umsetzen, aber nicht unter dem Begriff "AT".

Trotz der Tatsache, dass AT-Prinzipien da und dort auch in die Hauptströmung der technologischen Entwicklung Eingang gefunden haben und dadurch ein Stück der mit AT verknüpften Hoffnung bestätigt wird, so stellt sich doch die Frage: Gibt es hinreichende und vernünftige Gründe für die Hoffnung, dass AT als eine bestimmte Art der Technologie-Praxis und der Technologie-Wahl und die damit angestrebten Ziele in grossem Masstab in der Praxis erreicht werden können?

Aufgrund der bisherigen Erörterungen kann man in jedem Falle davon ausgehen, dass es keine im AT-Konzept liegenden intrinsischen Hindernisse oder Schwierigkeiten gibt, die einer Verbreitung der AT-Praxis in grossem Masstab im Wege stehen. Die grosse Zahl von praktischen Beispielen und Experimenten zeigt weiter, dass die AT-Praxis auch von keinen intrinsisch technischen Hindernissen behindert wird. Allerdings stellt die AT-Praxis sehr hohe Anforderungen: Die gleichzeitige Behandlung aller vier Dimensionen (siehe Kap. 4.2) der Technologie-Praxis erfordert sehr grosse und der polymorphen Natur der AT entsprechend vielfältige Fähigkeiten, vor allem:

- Technologische Spezialisten, die fähig sind, sozio-politische Gegebenheiten und sozio-kulturelle Aspekte in den technischen Entwurfsprozess einzubauen;

- Individuen, die fähig sind, die Bedürfnisse und Werte im Gemeinwesen auf eine Art und Weise zum Ausdruck zu bringen, so dass die Technologen und Planer diese praktisch wirksam umsetzen können;

- Planer, Politiker und Unternehmer, die sich sowohl in die Lage von technologischen Spezialisten als auch in jene der Bevölkerung eines Gemeinwesens bzw. ihrer Vertreter einfühlen können, und so die Harmonisierung der Interessen beider Gruppierungen erleichtern können.

Die AT-Praxis erfordert Teams von Leuten, die in der Lage sind, die komplexen Aufgaben der Aneignung und Aufarbeitung des vierdimensionalen Kontextes eines Gemeinwesens zu bewältigen, und diese Ergebnisse in einer für die Praxis der Technologen geeigneten Form auszudrücken. Solche Teams benötigen Technologen, die in der Lage sind, technische Informationen auch Laien in einer verständlichen Form zugänglich zu machen.

Vielleicht ist aufgrund dieser hohen Anforderungen AT noch nicht zur vorherrschenden Technologie-Praxis geworden. Die Zukunftsaussichten für AT hängen sicher davon ab, ob und in welchem Masse Menschen die oben skizzierten Fähigkeiten erwerben, und in welchem Umfang eine Gesellschaft solche Institutionen fördert und pflegt, die die AT-Praxis und die damit zusammenhängenden Aktivitäten unterstützen und erleichtern. (2)

<u>Die ernsthaften Hindernisse aber, mit denen die AT als Technologie-Praxis konfrontiert ist, sind sozialer und politischer Natur.</u> Auch wenn diese Hindernisse weit verbreitet sind, so gibt es keinerlei Gründe anzunehmen, diese sozialen und politischen Faktoren seien unveränderlich. Jedenfalls kann aus der Existenz von Hindernissen gegenüber der AT keineswegs geschlossen werden, sie stellten eine grundsätzliche, unüberwindbare Barriere gegenüber dieser Art von Technologie-Praxis dar.

5.1 AT: Wegbereitung einer neuen technologischen Kultur

Schon längst benutzen wir Technologien nicht mehr, sondern wir leben mit
ihnen. Technologien beherrschen unsere Arbeit, unsere Nahrung, unsere Gesundheit, unsere Bildung, die Kommunikationen, die Art und Weise, wie wir
die Welt gestalten. Ein Geflecht von technologischen Artefakten definiert unser Leben. Deshalb kann man - wie einleitend geschehen - von <u>Technologien
als Lebensformen</u> sprechen. Diese technologischen Artefakte sind zu einem
derart "natürlichen" Teil unserer modernen Welt geworden, dass die kulturelle
Bedeutung von Technologien uns zu entgehen scheint - man kann diesen Zustand als technologischen Schlafwandel bezeichnen.

Paradoxerweise jedoch wird Technologie oft als ein fernliegendes, fremdes
Phänomen angesehen. Ereignet sich eine ökologische Katastrophe oder werden
kontroverse Streitfragen - z.B. über Gentechnologie - ausgefochten, ist es, als
ob durch irgendeine äussere Macht uns technologische Entwicklungen aufge-
drängt werden. Wir fühlen uns machtlos, wenn "der unvermeidliche Fortschritt der Technologie fortschreitet". Unser Gefühl der Machtlosigkeit, das
Schreckgespenst einer ausser Kontrolle geratenen Technologie rührt von unserer veralteten, konventionellen Sichtweise der Technologie als einer Maschine
her.

Der verbreitete Glaube in die Technologie als Schlüssel zum Fortschritt ist
gleichermassen untermauert durch die "traditionelle" Vorstellung, dass Technologie ein blosses Werkzeug sei, und wir frei entscheiden könnten, sie zu ver-
wenden oder nicht. Zur gleichen Zeit scheinen wir eine künstliche Mauer zwischen der neutralen, "nicht-sozialen" Welt der Technologie und der wert-be-
herrschten, "nicht-technischen" Welt der Kultur aufzurichten: Die technologische Welt gegen den Menschen. Aber die moderne Realität ist anders: Wir sind
untrennbar mit der Technologie verknüpft. Technologie ist mehr als ein
Werkzeug: Sie ist ebenso zu unserer Umwelt wie zu unserer Ideologie geworden. Techno-logische Konzepte bestimmen unsere Visionen, sie färben die Art
und Weise, wie wir Probleme wahrnehmen und definieren die Art und Weise,
wie wir uns Lösungen ausdenken. Technologische Gebote haben sich mit unseren Normen und Werten verschmolzen. Die technologische Entwicklung ist in
bezug auf die Gestaltung unserer zeitgenössischen Kultur - unserer Handlungen, unserer Gedanken, unserer Werte - zu einer vorherrschenden Kraft geworden.

Mit dem Wort "technologische Kultur" ist eine wesentlich fundamentalere Sache angesprochen als bloss eine Welt, die mit technologischen Artefakten vollgestopft ist. Genauso wie wir die Ökonomie, die Politik oder die Kunst als einen integralen Teil der gesellschaftlichen Entwicklung betrachten, sollten wir Technologie als einen untrennbaren Teil unserer Kultur ansehen. Traditionelle Fragen, die nach wie vor nach dem Einfluss der Technologie auf die Kultur bzw. die Gesellschaft fragen, sind längst veraltet. Es wird Zeit, erneut einen frischen Blick darauf zu werfen, wie wir unsere technologische Welt formen. Anstatt sich aber ausschliesslich auf die technologischen Entwicklungen als solchen zu konzentrieren, sollten wir die sozialen und politischen Wurzeln der technologischen Kultur untersuchen.

Die gegenwärtige technologische Kultur ist im wesentlichen von zwei Glaubenssätzen geprägt, die beide kurzsichtig die jeweils "neuesten" technologischen Entwicklungen in den Brennpunkt rücken. Der erste Glaubenssatz gründet auf der Idee, dass jedes technische Gerät und jeder technische Prozess so schnell wie möglich angewendet werden sollte. Der zweite Glaubenssatz behauptet, dass es für jedes Problem eine technologische Lösung gibt: Mit anderen Worten Technologien - und gerade neue - verbessern "automatisch" die Welt.

Der in diesen beiden Glaubenssätzen zum Ausdruck kommende Wunsch nach technologischen "Lösungen" beeinflusst die Wahrnehmung der "Probleme": Ingenieure, Techniker und Wissenschaftler stellen oft Antworten zur Diskussion, bevor die Fragen formuliert worden sind. Technologie ist aber keineswegs die ausschliessliche Domäne des Ingenieurs und des Wissenschaftlers. "Technische Probleme" sind nie nur technisch. Es braucht Leute und Organisationen, um technologischen Entwicklungen Form und Inhalt zu geben. Die eigentliche Natur einer Technologie-als-Kultur entsteht aus dieser wechselseitigen Verknüpfung von Dingen und Menschen, von technischen Problemen und menschlichen Problem-Definitionen. Technologische Innovation ist unabdingbar mit sozialen, organisationellen und Werteveränderungen verknüpft. Von daher hat die Einführung jeder Technologie den Charakter eines sozialen Experiments, verkörpert jede Technologie mit ihren technischen Spezifikationen und Nutzeranforderungen sozialpsychologische Annahmen über antizipierte Kosten und Vorteile für ein Gemeinwesen oder die Umwelt. Die Kluft, die sich zwischen technologischem Fortschritt und sozialen Werten und Normen auftut, stellt schwierige Anforderungen an Demokratie und Politik.

In welchem Masse wählen wir, technologische Entwicklungen zum Leitprinzip für Gesundheit, Bildung, industrielle Organisation, Arbeitsformen usw. zu machen? Solche Fragen erhalten in der heutigen politischen Kultur immer noch eine nur spärliche Aufmerksamkeit. Heute rufen praktisch alle - von links bis rechts im politischen Spektrum - einmütig und uneingeschränkt nach technologischen Innovationen. Dieser technokratische Konsens führt zu einer instrumentellen Perspektive, die Technologie auf eine rein technische Angelegenheit reduziert. Die politischen und sozialen Institutionen versäumen es, die tief reichende Rolle der technologischen Veränderungen für die kulturelle Entwicklung zur Sprache zu bringen. Die Wahl, für oder gegen Technologie zu sein, sie zu kontrollieren oder ihr freien Lauf zu lassen, ist schon längst zu einem falschen Dilemma geworden: Wer immer noch frägt, wer hier recht hat, hat unrecht.

Ausgangspunkt für eine neue technologische Kultur ist, dass eine klare Trennung von Technologie, Politik und sozialer Wahl unmöglich ist. Vielmehr sind sie miteinander verwickelt und bilden eine unfertige Gesamtheit, weil sie entscheidend von der Wahrnehmung abhängen: vom Sehen und Wissen. Wissen erfordert Andere und dauerhafte Beziehungen mit Anderen. Nur dann können gemeinsame Ansichten und wechselseitig übereinstimmende Werte entstehen - ohne die Wissen unmöglich ist. Mit anderen Worten: Wissen setzt Kultur voraus.

Unter Kultur verstehen wir hier die sozialen Wahrnehmungsmuster, mit denen die Menschen und Institutionen der sie umgebenden Welt einen Sinn geben - und nicht im konventionell-residualen Sinn die Gewohnheiten und Glaubensinhalte, die von Generation zu Generation weitergegeben werden. Mit anderen Worten: Kultur verstehen wir als den Ort all der Verwicklungen sozialer Akteure mit ihren jeweiligen Wahrnehmungen, als das universale Zersetzungsmittel, durch das Technologie, Politik und soziale Wahl ineinander aufgelöst werden. Damit kann Technologie nicht mehr länger als irgendeine äussere Kraft behandelt werden, als etwas ausserhalb des sozialen Lebens, das auf die Gesellschaft eine Einwirkung hat.

Vielmehr sind wir und Technologie zusammen in einen sozialen Prozess eingeklinkt, der uns ziemlich unzugänglich ist, weil wir so sehr Teil davon sind. Gerade die auf der Grundlage der AT-Praxis basierende Analyse versucht diese wesentlich unfertige Natur dieses Prozesses zu untersuchen und nicht auszulöschen. Von zentraler Bedeutung für diese Analyse ist ein kultureller Pluralismus, d.h. das Einbeziehen der verschiedenen in einer Gesellschaft aktiv vorhandenen Rationalitäten, die Problemdefinitionen und Problemlösungen weitgehend bestimmen. Fünf Leitsätze sind für diese Analyse wegleitend:

1. Weltanschauungen, Zukunftsvisionen, Überzeugungen, was möglich und was unmöglich, was rational und was irrational usw. ist, und viele andere Bestimmungsfaktoren von Verhaltensweisen sind eng verknüpft mit bevorzugten sozialen Beziehungsmustern und institutionellen Formen.

2. Die Träger solcher Anschauungen und Visionen, z.B. jene, die mit dem Entwerfen, Entwickeln und Bewerten von "Technologien" zu tun haben, haben die Tendenz, auf eine Art und Weise zu handeln, die - soweit sie es beurteilen können - ihre bevorzugten Lebensformen stärken und ihre spezifische Problem-Wahrnehmung bestätigen.

3. Dies ist das strukturierte und heterogene Umfeld, in dem alle technologischen Entwicklungen konzipiert und in das sie "hineingeboren" werden.

4. Um sozial lebensfähig zu sein, müssen solche technologischen Entwicklungen erstens ihren Weg an all den Hindernissen vorbei finden, die soziale Akteure gegen sie aufrichten mögen, und zweitens müssen sie sich konstruktiv mit dem vermischen, was an früheren sozial-institutionellen Einrichtungen bereits existiert.

5. Jede Auswahl von sozial lebensfähigen Technologien muss auch ökologisch möglich und langfristig verträglich sein.

Technologien, die aus einer AT-Praxis hervorgehen, sind das Ergebnis dieses beständigen Prozesses der kulturellen Einschätzung und Bewertung. Zu sagen, dass Technologie ein sozialer Prozess ist, bedeutet allerdings nicht, dass die "Hardware", der physische Gegenstand jede Form annehmen kann, die sozial gewünscht wird. Das, was sozial erwünscht ist, kann nicht erreicht werden, wenn es physisch unmöglich ist.

Ein charakteristischer Zug der 80er Jahre ist, dass angesichts des globalen "technologischen Wettrennens" (3) zwischen den USA, Japan und Westeuropa, Entscheidungen über technologische Fragen und Angelegenheiten zunehmend isoliert von öffentlichen Debatten gefällt werden. Kennzeichnend für die politische Kultur der 80er Jahre ist weiter, dass viele der gesellschaftlichen Wahlmöglichkeiten von Technologien dem "Markt" überlassen werden. Mit der wachsenden Globalisierung der Wirtschaft treten in bezug auf die Gestaltung und Kontrolle von Technologien an Stelle von demokratischen Staaten und der Politik die transnationalen Unternehmen. Je schneller sich diese Art von technologischer Kultur entwickelt, desto impotenter wird die Politik.

Wir brauchen Impulse für neue Visionen. Dazu können die AT-Bewegung und solche Gruppen, Organisationen und Individuen, die eine der AT-Praxis verwandte Technologie-Praxis praktizieren, ohne den Namen AT als Aushängeschild zu tragen, wesentliche Anstösse geben. Nicht Technologie, sondern die technologische Kultur ist der Schlüsselpunkt. Die Herausforderung ist, sich mit unserer unwiderruflichen Verhaftung mit unserem technologischen Milieu auseinanderzusetzen. Im Zentrum der Debatte muss das Gestalten unserer technologischen Welt stehen - im Norden wie im Süden. Eine derartige Debatte kann nur stattfinden, wenn wir die Vorstellung von Technologie als Kultur ernst nehmen. Dafür kann gerade AT als eine besondere Technologie-Praxis den Grundstein legen.

5.2 Soziale Orte der AT-Praxis

Die entscheidende Kernfrage für die Zukunft betrifft die Dynamik von AT. Wie kann sie weiter vorangetrieben werden?

An vielen Orten in der Dritten Welt - und darüber soll im folgenden auch nur die Rede sein - ist mit der Gründung von AT-Zentren ein erster wichtiger Schritt schon längst gemacht worden. Dieser erste Schritt führt in der Regel zu einer <u>Pionierphase</u>. Diese erste Phase der AT-Praxis reicht von der <u>Entwicklung</u> von angepassten Technologien und Produkten - schwergewichtig entlang der technisch-empirischen Dimension, also im artefaktmässigen Sinne (z.B. Biogas-Anlagen, Solar-Anlagen) - bis zur <u>Innovation</u>, die dafür sorgt, dass diese Technologien auch effizient eingesetzt werden können, aber sie kann auch schon die für das Überleben dieser aT's erforderliche ökonomische und politische Einbettung beinhalten. Man kann wahrscheinlich sagen, dass viele AT-Zentren diese Pionierphase schon vor einiger Zeit abgeschlossen haben und in die nächste Phase eingetreten sind.

Diese zweite Phase betrifft den <u>Transfer</u>: Das vorhandene Wissen und die Technologien werden auf die Bedürfnisse und Bedingungen des spezifischen Handlungsraumes hin angepasst. Die lokalen Bedingungen des jeweiligen Ortes, an dem die Technologie zur Anwendung kommen soll, betreffen geographische, ökonomische, legislative, unternehmerische, sozio-kulturelle etc. Faktoren, kurz die in Kap. 4.2 skizzierten vier Dimensionen. Diese vier Dimensionen bestimmen als Kräfte, über die Vermittlung von Akteuren wie Individuen und Gruppen, die konkrete Ausprägung, den Stil der AT-Praxis. Etliche AT-Zentren sind seit längerem in diese zweite Phase eingetreten, aber haben nur selten eine harmonische Integration aller vier Dimensionen verfolgt oder verfolgen können.

Die dritte Phase betrifft das <u>Wachstum</u> und die <u>Konsolidierung</u> der AT-Praxis insgesamt. Hier wird es notwendig, sich neben der Technologiegestaltung durch identifizierbare Akteure vor allem den vielfältigen Struktureigenschaften sich herausbildender Versorgungssysteme auf AT-Basis zuzuwenden. In diese Phase ist AT noch überhaupt nicht eingetreten.

In der Pionierphase spielen in der Regel vor allem die Technologen eine führende Rolle als Erfinder-Entwickler-Innovatoren. Es bildet sich im Laufe der Arbeit eine Gemeinschaft von "Ingenieur"-Unternehmern und -Praktikern heraus, die ein auf einzelne angepasste Technologien bezogenes spezifisches Wissen erzeugen und akkumulieren. Dieses Wissen bildet einen ersten Baustein im Entstehungsprozess einer spezifischen Kultur einer Angepassten Technologie-Praxis.

Spätestens in der zweiten Phase gewinnt ein Wissen an Bedeutung, das mit der konkreten Funktionsweise einer aT an einem bestimmten Ort, in einem bestimmten Gemeinwesen mit seinen spezifischen sozialen, ökonomischen, kulturellen, ökologischen etc. Gegebenheiten und Bedingungen zu tun hat. Bestimmte Aspekte dieses Wissens haben Rückwirkungen auf die funktionale Ausgestaltung einer aT und auf die Erzeugung anderer technologischer Wahlmöglichkeiten. Andere kontextbezogene Wissensaspekte haben einen Bezug zur konkreten Einführung und Nutzung von spezifischen aT's bzw. zur Schaffung von dafür notwendigen Rahmenbedingungen. Es entstehen in dieser Phase zwei weitere Bausteine für eine Kultur einer Angepassten Technologie-Praxis: die <u>Integration</u> der für das erfolgreiche Funktionieren von aT's erforderlichen spezifischen Wissensaspekte entlang den vier Dimensionen (Kap. 4.2) und <u>Organisation</u>, vor allem die Sicherstellung der Zusammenarbeit aller relevanten Akteure und Gruppen des betreffenden Gemeinwesens, damit die Technologien funktionieren können.

In der dritten Phase geht es hauptsächlich um die Verbreitung des gewonnenen
Wissens und seine Anpassung an die jeweiligen Situationen, wozu die obigen
Bausteine unerlässliche Voraussetzungen sind. Dazu ist der Aufbau geeigneter
Institutionen und Organisationen in einem räumlich grösseren Rahmen notwendig (z.B. geeignete Berufsbildungseinrichtungen für eine ganze Region, die
sich primär an den Erfordernissen der Kultur einer Angepassten Technologie-
Praxis und nicht am Erhalt eines Zertifikats orientieren). Im weiteren sind
spätestens hier förderliche ökonomische und politische Rahmenbedingungen
auf der Makroebene zu schaffen.

Die Kultur einer Angepassten Technologie-Praxis kann nur dann breiteren
Raum gewinnen, wenn einmal mehr Wahlmöglichkeiten und Gestaltungsspielräume geschaffen werden, und zum anderen dafür gesorgt wird, dass sie kon-
kret genutzt und ausgefüllt werden. Wie letzteres im einzelnen geschieht ist das
Ergebnis von Auseinandersetzungen und Entscheidungen über Lebens-, Ar-
beits-, Organisations- und Betriebsformen sowie über die Art der Technologien bzw. Produkte. Jedenfalls ist eine notwendige Voraussetzung dazu eine
<u>Vervielfachung der sozialen Orte einer AT-Praxis</u>, angefangen von AT-Zen-
tren, über Betriebe bis hin zu Bildungs- und Forschungseinrichtungen. Damit
kann sich Gestaltungsmacht immer mehr unten ansiedeln. Deshalb spielen sowohl bei der Schaffung von sozialen Orten einer AT-Praxis als auch bei der
Erzeugung und Aufrechterhaltung der erforderlichen technologischen Trieb-
kraft soziale Gruppen und Bewegungen eine wichtige Rolle. Will man Wahlmöglichkeiten und Gestaltungsspielräume für eine AT-Praxis nutzen und ausbauen, so muss man die Einflussmöglichkeiten der Politik von unten ausbauen,
stärken und rechtlich absichern - das ist schwergewichtig eine Aufgabe, deren
Lösung auf der Makroebene angesiedelt ist.

5.3 AT-fördernde Makro-Politiken

In diesem Kapitel werden eine Reihe wichtiger AT-fördernder Makro-Politiken erörtert, und zwar ausschliesslich für Länder der Dritten Welt bzw. Osteuropas.

Die Makro-Politiken haben einen Einfluss auf die Technologie-Wahl und die
technologische Entwicklung, indem sie das Umfeld bestimmen, in dem Entscheidungen über Technologien getroffen werden. Die tatsächlichen Investi-
tionsentscheidungen und die konkrete Technologie-Wahl erfolgt auf der Mik-

ro-Ebene durch eine Vielfalt von Entscheidungsträgern - kleine und grosse Unternehmen, Bauernbetriebe, Kooperativen usw. -, die vom makropolitischen Umfeld mitbestimmt werden - was sich u.a. in den Preisen niederschlägt, die Unternehmen etc. für ihre Produkte erhalten, in den Kosten für die verschiedenen Produktionsfaktoren (Kapital, Arbeit usw.), in der Verfügbarkeit einer Auswahl von Technologien und im Wissen über diese Alternativen, und in der Verfügbarkeit von Infrastruktur.

Die Makro-Politiken beeinflussen

- einmal die gesamte Wirtschaft in ihren Binnen- und Aussenbeziehungen (Geldmenge, Kreditbedingungen, Zinssätze, Steuersystem, Struktur der öffentlichen Ausgaben, Wechselkurse, Handelspolitik usw.), und

- die Verteilung des gesamtwirtschaftlichen Ergebnisses auf die verschiedenen gesellschaftlichen Gruppen und die Sektoren der Wirtschaft, u.a.: die Verteilungsaspekte des Steuersystems, die Verteilung der öffentlichen Ausgaben und Subventionen auf verschiedene gesellschaftliche Gruppen, die Preispolitik gegenüber den verschiedenen Wirtschaftssektoren und den Konsumenten, die Wissenschafts- und Technologiepolitik. (4)

Bislang richtete sich der grösste Teil der Anstrengungen zur Förderung von AT auf die Mikroebene, überwiegend auf die Finanzierung und die technische Hilfe für besondere Technologien - deren Spektrum von holzsparenden Kochöfen zu Windmühlen, und von kleinen Zementanlagen zu mikroelektronischen Geräten für die Kontrolle hydraulischer Systeme reicht. Auch wenn derartige Projekte durchaus recht erfolgreich verliefen, so blieben die Wirkungen doch weitgehend auf die jeweilige Gegend des Projektortes beschränkt, und es kam kaum zu einer weiterreichenderen Verbreitung. Zieht man Bilanz, so muss man nüchtern konstatieren, dass es trotz vieler erfolgreicher Einzelprojekte weder zu einem spontanen Wachstum von Kleinunternehmen noch zur Entwicklung und Verbreitung von aT's gerade in den Ländern, wo beides dringend nötig gewesen wäre, gekommen ist. Die Hauptgründe dafür liegen sicherlich im Fehlen konsistenter AT-fördernder Makro-Politiken bzw. in geradezu AT-verhindernden Makro-Politiken, so dass selbst erfolgreiche lokale aT-Projekte keine weiteren Früchte tragen konnten.

Inzwischen ist die Tatsache, dass es in fast allen Industriesektoren effiziente Technologien mit AT-Charakteristika gibt, die gerade kleine und mittlere Unternehmen erfolgreich einsetzen können, vielfältig empirisch belegt. (5) Diese Technologien haben einen wesentlich geringeren Kapitalbedarf und in der Regel eine viel höhere Kapitalproduktivität, erzeugen eine gegenüber vergleichbaren kapitalintensiven Technologien eine bis zu 4mal höhere Beschäftigung und wesentlich grössere Gewinne für kleine Unternehmen.

Trotz der Überlegenheit oder zumindest der gleichen Effizienz dieser Technologien mit AT-Charakteristika, trotz der Tatsache, dass sie mit knappen Kapitalressourcen sparsamer umgehen und dafür mehr Arbeitskräfte einsetzen, die reichlich vorhanden sind, und obwohl sie einen positiven Einfluss auf die Einkommensverteilung haben, geht nach wie vor der Grossteil der Investitionen in kapitalintensive und oft unangepasste Technologien. (6) Die Wahl von im allgemeinen unangepasster Technologie ist somit weiter vorangeschritten trotz ihrer offensichtlichen Unfähigkeit, weder wirtschaftliche noch soziale Zielsetzungen zu erreichen. Ein sehr wichtiger Grund für diesen Sachverhalt ist in den Makro-Politiken dieser Länder zu suchen. (7)

Welche Änderungen auf der Ebene der Makro-Politiken würden eine nachhaltige Dynamisierung der Entwicklung und Verbreitung von AT bewirken? Aufgrund von zahlreichen empirischen Studien (8) und darauf basierenden Überlegungen scheinen für eine nachhaltige AT-Förderung die folgenden Änderungen auf der makropolitischen Ebene wesentlich zu sein:

*   **Unternehmenssektor**

    Die staatlichen und parastaatlichen Unternehmen sollten endlich dahin gebracht werden, dass sie auf dem Markt operieren müssen und so sich wettbewerbs- und leistungsbezogene Verhaltensweisen aneignen. Erst dann werden sie anfangen effizienter zu werden, um überleben zu können. Notwendige Bedingungen dafür sind hauptsächlich

    -   die Streichung spezieller finanzieller Privilegien,

    -   die Verringerung des Einflusses der Finanzgeber, indem die Unternehmen ihre jeweilige Finanzierung aus mehreren Finanzierungsquellen incl ihrer eigenen Ersparnisse sicherstellen, und

    -   die Implementierung einer Wettbewerbspolitik.

Die erwähnten empirischen Studien zeigen, dass die von den nationalen Regierungen kontrollierten Unternehmen fast durchgängig unangepasste Technologien wählen. Dies wird mit den von den staatlichen Bürokratien dekretierten Zielsetzungen - fortlaufende Zunahme der Investitionen und Erhöhung des Outputs - in Zusammenhang gebracht. Diese Zielsetzungen haben zur Folge, dass man sich in hohem Masse auf fremde Finanzierungsquellen aus Industrieländern abstützt und moderne Technologien importiert, ohne eine vorhergehende systematische Analyse und Bewertung des in Frage kommenden Technologie-Sortiments.

Hier kommen auch die staatlichen Entwicklungshilfe-Organe der Industrieländer ins Spiel. Diese scheinen - jedenfalls in der Praxis - ebenfalls nicht gerade AT-Lösungen zu begünstigen. Dafür verantwortlich scheinen zum grossen Teil deren Zielsetzungen zu sein: Maximierung der Abflüsse von Entwicklungshilfe-Mitteln mit minimalem bürokratischem Aufwand und enge Bindung dieser Entwicklungshilfe-Mittel an Vorleistungen seitens des Empfängerlandes. Die Folge ist, dass sehr oft grosse, kapitalintensive und komplizierte Technologien aus den Geber-Ländern importiert werden.

Für die Technologie-Wahl zugunsten von effizienten Technologien mit AT-Charakteristika ist also einmal das Zurückdrängen der engen Kopplung zwischen Finanzierung und Technologie-Wahl durch eine Diversifizierung der Finanzierungsquellen der staatlichen und parastaatlichen Unternehmen - also die zweite Bedingung - eine zentrale Voraussetzung.

Die andere wesentliche Voraussetzung betrifft die staatlichen Entwicklungshilfe-Organe der Industrieländer. Die Projektfinanzierung, auf der bisher das Schwergewicht lag, sollte zugunsten von sektoraler Programmfinanzierung verringert werden - ohne dabei das einheimische Technologieangebot wieder allzu sehr in den Vordergrund zu stellen. Damit kann die enge Kopplung von Finanzierung und Technologie-Wahl gelockert werden.

Eine Problematik in bezug auf die Technologiewahl muss hier noch kurz angesprochen werden, die nicht direkt in eine makropolitische Empfehlung gemünzt werden kann: es betrifft den <u>Symbolgehalt moderner Technologien</u>. Vor allem bei den Eliten von Drittwelt-Staaten - aber nicht nur bei ihnen - üben moderne Technologien eine grosse Faszination aus. Dies geht soweit, dass andere Technologien als zweitrangig disqualifiziert werden. Von den modernen Technologien erhoffen sich die Eliten in den Ländern der Dritten Welt einen "Quantensprung" der nationalen Entwicklung und einen Prestigegewinn ihrer Länder gegenüber anderen Drittwelt-Staaten, aber auch gegenüber Industrieländern. Es wird immer wieder argumentiert, dass auch Drittwelt-Staaten - aus dem einfachen Grund, dass es moderne Technologien gibt - ein Anrecht auf moderne Technologien haben und ihnen den Zugang zu modernen Technologien nicht zu ermöglichen, einer Diskriminierung gleichkommen würde. Moderne Technologien, obwohl oft unangepasst für die dort herrschenden Verhältnisse, werden deshalb oft eher aus solchen symbolischen Prestigegründen gefördert, und weniger aufgrund sinnvoller nächster und machbarer Entwicklungsschritte, die z.B. die Kombination "alter" und "neuer" Technologien beinhalten könnten. (9)

***   Steuern, Investitionsförderung, Kredite**

Hier würden die folgenden makropolitischen Massnahmen AT-fördernd wirken:

- Abschaffung der speziellen Investitionsförderungsmassnahmen wie Subventionen, spezielle Krediterleichterungen, subventionierte Kredite und Steuerermässigungen für die wenigen grossen Unternehmen.

- Errichtung ländlicher Kreditinstitutionen und Bankfilialen, um den Zugang zu Krediten in ländlichen Regionen zu erleichtern.

- Einführung neuer Kreditvergabe-Verfahren (wie beispielsweise bei der Grameen-Bank in Bangladesh, wo Gruppen von Dorfbewohnern füreinander Bürgschaft leisten), um kleinen Unternehmen zu helfen, Zugang zu Darlehen zu vernünftigen Zinssätzen zu bekommen.

  Als Übergangslösung sollten die wichtigen Finanzinstitutionen einen Teil ihrer Darlehen für kleine Unternehmen reservieren, bis bessere und effektivere Kredit- und Darlehensvergabe-Verfahren für den Sektor der kleinen Unternehmen und den informellen Sektor entwickelt und eingeführt sind.

Viele Drittwelt-Regierungen verfolgen eine Förderpolitik für industrielle Investitionen in der Form von Steuerbefreiungen und von raschen Abschreibungsmöglichkeiten als den beiden wichtigsten Elementen. Diese bevorzugen einseitig kapitalintensive und eher grosse Technologien und Produktionsformen bzw. diskriminieren kleine und mittlere Unternehmen und effiziente Technologien mit AT-Charakteristika. (10)

Hinzu kommt eine staatliche Kreditpolitik, die wiederum aus Gründen der Investitionsförderung ausgewählten, meist grossen Unternehmen billige Kredite zur Verfügung stellt. Die meisten kleinen und mittleren Unternehmen dagegen müssen ihre Investitionen entweder aus ihren eigenen Ersparnissen finanzieren oder durch Kreditaufnahme im informellen Sektor zu extrem hohen Kosten. (11) Auch das private Bankensystem bevorzugt tendenziell grössere und etablierte Unternehmen, weil sie für die Kreditvergabe ein geringeres Risiko darstellen.

In ungefähr zwei Dritteln aller Drittwelt-Staaten hat sich ein dualer Kreditmarkt herausgebildet mit Zinssätzen im formellen Sektor von 10 Prozent und weniger pro Jahr, und mit Zinssätzen im informellen Sektor von teilweise über 100 Prozent pro Jahr. (12) Dieser duale Kreditmarkt hat eine doppelt negative Auswirkung in bezug auf die Technologiewahl. Einerseits wird dadurch grossen Unternehmen ein unverhältnismässiger Zugang zu Krediten eröffnet und kleine und mittlere Unternehmen benachteiligt. Andererseits wird der preis für Kapital verbilligt und so die Wahl von äusserst kapitalintensiven Technologien durch grosse Unternehmen begünstigt, während das verbleibende knappe Kapital bei den kleinen und mittleren Unternehmen zu einer unzureichenden Kapitalnutzung in diesem Sektor führen kann.

Allerdings muss nachdrücklich betont werden, dass diese Situation keineswegs nur das Ergebnis der Bereitstellung von subventionierten Krediten seitens des Staates ist. Der Sektor der kleinen und mittleren Unternehmen und der informelle Sektor würden auch ohne diese Subventionierung von den Finanzinstitutionen des formellen Sektors nur einen relativ kleinen Anteil am gesamten Kreditvolumen erhalten, was u.a. mit bürokratischen Verfahrensfragen und Bürgschaftserfordernissen zu tun hat. Deshalb würde auch eine reine Marktlösung nicht genügend Kredite in diesen Sektoren lenken. Dazu bedarf es weiterreichender institutioneller Innovationen.

*** Aussenhandel**

Wichtige AT-fördernde Massnahmen sind:

-   Die Wechselkurse sollten auf einem marktgerechten Niveau gehalten
    werden, um eine übermässige Diskriminierung des landwirtschaftli-
    chen Sektors zu vermeiden.

-   Die Zolltarife sollten derart ausgestaltet sein, dass Kapitalgüter keine
    spezielle Begünstigung erfahren, insbesondere sollten die für den
    Sektor der Kleinunternehmen und den informellen Sektor bestimm-
    ten Kapitalgüter demselben Zolltarif unterliegen wie die übrigen Ka-
    pitalgüter.

-   Die Verfahren der Zuteilung von Devisen sollte derart reformiert
    werden, dass sichergestellt ist, dass der Sektor der Kleinunternehmen
    einen ausreichenden Anteil der verfügbaren Devisen erhält. Dies
    kann u.a. erreicht werden, dass die jetzigen administrativen Verfah-
    ren durch Marktmechanismen ersetzt werden, ergänzt mit der Auf-
    lage, dass ein bestimmter Anteil der Devisen der Sektor der Kleinun-
    ternehmen erhält.

Die Währungen vieler Drittwelt-Staaten sind oft überbewertet. (13) Die
Kombination von überbewertetem Wechselkurs und niedrigen Zöllen auf
Kapitalgütern führt zu künstlich sehr niedrig gehaltenen Preisen für den
Faktor Kapital, was die Substitution von Arbeit durch Kapital begünstigt.
Die überbewerteten Wechselkurse wirken zudem diskriminierend auf die
Landwirtschaft, deren Wachstum sie verhindern. (14)

Weiter wirkt die Struktur der Importzölle gegenüber kleinen Investoren
oft diskriminierend, weil Maschinen, die im Sektor der Kleinunternehmen
und im informellen Sektor verwendet werden, als Konsumgüter klassifi-
ziert werden und so viel höheren Zolltarifen unterliegen, im Gegensatz zu
den niedrigen oder gar Nulltarifen für grossvolumige Importe von Kapitalgütern. (15) Eine Weltbank-Studie zeigte, dass ein Kleinunternehmen,
das weniger als 25 Mitarbeiter beschäftigt, einen Schutzzoll von Unter 10
Prozent hat, während grosse Unternehmen mit mehr als 250 Beschäftigten
einen Schutzzoll von weit über 2'000 Prozent geniessen. (16)

Länder, die eine Importsubstitutions-Strategie verfolgen, vor allem im Falle von Devisenknappheit, teilen die Devisen in der Regel auf administrativem Wege zu. Dabei werden grosse auf Kosten kleiner Produzenten bevorzugt. Vor allem erhalten oft staatliche und parastaatliche Unternehmen einen unverhältnismässig hohen Anteil an Devisen. (17)

*** Arbeitsmarkt**

- Solange ein Arbeitskräfteüberschuss existiert, sollte eine Politik vermieden werden, die im formellen Sektor die Löhne anhebt und die Arbeitszeiten reduziert, und in der übrigen Wirtschaft die Arbeitsbedingungen unverändert lässt. Es sollten nur solche die Verbesserung der Arbeitsmarktbedingungen anvisierenden Politiken konzipiert werden, die in der gesamten Wirtschaft vernünftig angewendet und durchgesetzt werden können, und die den Preis für den Faktor Arbeit nicht übermässig ansteigen lassen.

Bislang haben die staatlichen Politiken dazu geführt, dass das Kapital für den formellen Sektor durch Steuerbefreiungen, Investitionsförderungsmassnahmen und Kreditvergünstigungen aller Art, durch diverse Wechselkurs- und Zolltarifpolitiken verbilligt wurde und durch Zuteilung von Krediten und Devisen die grossen Unternehmen im formellen Sektor begünstigt wurden und der Sektor der Kleinunternehmen diskriminiert wurde. Die bisherigen Arbeitsmarktpolitiken haben in der Tendenz die Arbeitskosten im formellen Sektor erhöht. Die Folge ist, dass die relativen Preise von Arbeit und Kapital sich zugunsten der Verwendung von kapitalintensiveren Technologien verändert haben. Da die Preise für den Faktor Kapital im informellen Sektor exorbitant hoch und jene für den Faktor Arbeit sehr niedrig sind, wird hier zu wenig Kapital eingesetzt.

*** Produkte/Märkte**

AT-fördernde Massnahmen auf der Makro-Ebene sind:

- Die Idee von "angepassten" Produkten sollte als ein wichtiges Element jeder Technologiepolitik anerkannt werden. Die Entwicklung und Förderung von angepassten Produkten sollte dann Teil der Wissenschafts-, Technologie- und Verbreitungspolitiken, der - nationalen wie internationalen - Investitions- und Technologiebewertung der Unternehmen sein.

111

Von der Regierung gesetzte Standards sollten derart ausgestaltet sein, dass den technologischen Implikationen lokaler Bedürfnisse automatisch Rechnung getragen wird.

- Es sollten Informationsdienste über angepasste Produkte und Technologien aufgebaut und unterstützt werden. Politiken, die eine etwas gleichmässigere Einkommensverteilung zum Ziel haben (Steuern, Beschäftigungspolitik etc.), helfen den Markt für angepasste Produkte auszudehnen.

Märkte sind wichtig für die Bestimmung der Art von Produkten, die produziert werden und in welcher Grössenordnung. Märkte können auf dem heimischen Binnenmarkt auf Haushalte mit höheren oder solche mit niedrigeren Einkommen konzentriert sein, oder Unternehmen verkaufen an internationale Konsumenten. Auf Märkte gerichtete Politiken umfassen Handelspolitiken, Politiken, die sich mit Einkommensverteilung befassen, und direkte Produktpolitiken. Die letzteren beinhalten Politiken in bezug auf Werbung, Produkt-Information, Produkt-Standards und indirekte Steuern.

Die wichtigste Politik zur Förderung von angepassten Produkten und Technologien ist die direkte Produktpolitik, und dabei vor allem jene Regulationen, die die Produkt-Standards betreffen und die Rücksicht nehmen müssen auf die Lebensbedingungen der ärmeren Bevölkerungsschichten. (18) Aber auch Politiken zur Produktentwicklung und Informationsverbreitung sind potentiell wichtig.

* **Technologie und Wissenschaft**

Die staatlich finanzierten Institutionen im Sektor Technologie und Wissenschaft sollten derart reformiert und umgestaltet werden, dass ein wesentlich grösserer Teil ihrer Ressourcen für die Entwicklung und Verbreitung von angepassten Technologien und Produkten aufgewendet wird. Dieses würde vor allem dadurch gefördert, dass

- die Entwicklung von angepassten Produkten und Technologien zu einer spezifischen Auflage gemacht wird;

- besondere Institutionen aufgebaut werden, die aT's für die ländlichen Gebiete entwickeln;

- die Grundlagen der Finanzierung dieser Institutionen derart geändert wird, dass ein grösserer Teil ihrer Tätigkeiten aus Verträgen mit Unternehmen finanziert wird;

- Produzenten- und Handelsverbände, kleine und mittlere Unternehmen Einfluss auf Ziele und Inhalte der F&E-Organisationen nehmen sowie F&E-Arbeiten finanzieren;

- ein Verbreitungsnetzwerk für AT innerhalb eines Landes und mit Verbindungen zur übrigen Welt aufgebaut wird.

Das einem Unternehmen bekannte und verfügbare Spektrum an Technologien setzt seiner möglichen Technologiewahl Grenzen. Dieses Spektrum hängt von der Entwicklung von und der Information über alternative Technologien ab, und damit auch vom Niveau und der Ausrichtung staatlicher Technologie- und Wissenschaftspolitik, entsprechender F&E-Programme sowie von Informationsdiensten. Politiken, die auf die Entwicklung und Verbreitung von Technologien abzielen, beinhalten staatlich finanzierte F&E-Institutionen und -Programme, betreffen die Verbreitung ihrer Ergebnisse, und werden auch tangiert von Steuer-, Subventions- und Patentpolitiken.

Empirische Studien zeigen, dass dort, wo bewusst Anstrengungen unternommen worden sind, Technologien mit AT-Charakteristika und für den Sektor der Kleinunternehmen zu fördern, es gelungen ist, konkurrenzfähige und effiziente Technologien zu entwickeln, wobei dem F&E-Sektor eine bedeutende Rolle zukommt. (19) Die meisten erfolgreichen Beispiele resultierten aus F&E-Anstrengungen, die eine staatliche Unterstützung oder eine solche seitens der Entwicklungshilfe hatten. Aber es gibt durchaus Beispiele erfolgreicher Entwicklung und Innovation, die ausschliesslich von Kleinunternehmen getragen und betrieben wird, ohne staatliche Unterstützung. Alle diese Beispiele sind nach wie vor Ausnahmen. Die meisten F&E-Anstrengungen werden entweder auf grosse Unternehmen konzentriert oder auf grosse oder unangepasste Technologien im öffentlichen Sektor. (20) Im allgemeinen unterstützen die Technologiepolitiken nicht systematisch aT's. AT's tauchen nur als Ergebnis spezieller Anstrengungen auf, meistens angeregt durch externe finanzierende Institutionen. Dies hängt teilweise mit der institutionellen und der Belohnungsstruktur der Wissenschafts- und Technologie-Organisationen zusammen, teilweise mit dem Druck von externen Instanzen, die die Entwicklung und die Verwendung von unangepassten Technologien begünstigen. Daneben scheint das Rechtssystem oft entweder die Entwicklung von aT's überhaupt nicht zu befördern oder komplizierte, "high-Tech"-ähnliche Technologien zu bevorzugen. Ausserdem stellt das in den meisten Ländern zu konstatierende Nicht-Vorhanden-sein von Technologie-Verbreitungs-Netzwerken und -Diensten ein ausserordentliches Hindernis für den Transfer von aT's zu den Produzenten dar.

Zusammenfassung:

Die bisherigen Makropolitiken haben in der Tendenz unangepasste Technologien begünstigt. Zwar ist in vielen Ländern die Kleinindustrie mit Hilfe von speziellen Programmen unterstützt worden, aber im allgemeinen sind die Wirkungen dieser Programme, aber auch jene besonderer Interventionen zur Unterstützung von AT, durch die nicht AT-fördernden Makropolitiken grösstenteils verpufft. Eine wirksame Unterstützung von AT erfordert die Implementierung geeigneter Makropolitiken, die helfen, jenes Umfeld zu schaffen, in dem Unternehmen und andere Organisationen auf der Mikro-Ebene aT's wählen würden. Bislang herrschen in den meisten Ländern Politiken vor, die in der Regel das Gegenteil bewirken, d.h. zu unangepassten Entscheidungen führen.

Eine Änderung des politischen Umfeldes zugunsten einer dynamischen Förderung, Entwicklung und Verbreitung von AT sollte nicht nur einen Einfluss auf die Technologie-Wahl, sondern auch auf die Richtung des technologischen Wandels haben. Dies ist deshalb von grosser Bedeutung, weil die heute eingeschlagene Richtung des technologischen Wandels die künftigen technologischen Wahlmöglichkeiten massgebend bestimmt. Die Effizienz gewisser aT's heute ist das Ergebnis früherer Anstrengungen, solche zu entwickeln. Die Effizienz künftiger aT's kann erheblich gesteigert werden, wenn die Anstrengungen, neue und verbesserte aT's zu schaffen, systematisch auf dieses Ziel hin ausgerichtet und konzentriert werden. Dazu braucht es AT nicht diskriminierende Makropolitiken, aber auch entsprechende Anstrengungen zur internationalen Zusammenarbeit.

Ein wesentlicher Eckpfeiler für AT-fördernde Makropolitiken ist nicht die spezielle Förderung der Kleinindustrie, also z.B. die Gewährung spezieller Kredite und Technologien für einige wenige Kleinunternehmen, sondern die Abschaffung jeglicher Privilegien, die die grossen - staatlichen, halbstaatlichen und privaten - Unternehmen geniessen. Die oben erörterten Makropolitiken, die die für eine nachhaltige und dynamische AT-Fförderung notwendigen Umfeldbedingungen schaffen sollen, existieren in den meisten Ländern der Dritten Welt bislang nicht. Das hängt zu einem grossen Teil damit zusammen, dass Politiken, die AT begünstigen, eher Vorteile für die ärmeren und armen Bevölkerungsgruppen mit sich bringen. Weil die bisherigen Makropolitiken in der Tendenz eher die reichen Bevölkerungsschichten begünstigen, stellen diese mächtigen Interessengruppen auch eines der Haupthindernisse für die skizzierten makropolitischen Reformen dar.

Allerdings ist hinsichtlich der Realisierungsmöglichkeiten von AT-fördernden Makropolitiken ein völliger Pessimismus nicht gerechtfertigt, weil es genügend Freiheitsgrade gibt. So hat die Implementierung all jener makropolitischen Elemente eine beträchtliche Chance, die keine Trennung in Gewinner und Verlierer zur Folge haben, die mit anderen Worten kein hohes Konfrontationspotential in sich bergen. Gerade die Entwicklung neuer effizienter aT's kann die Lebensfristung und die Einkommenssituation für die armen Bevölkerungsschichten verbessern ohne dadurch die Einkommenssituation der Reichen zu verschlechtern.

Darüberhinaus ändern sich - wenn auch oft nur langsam - die Kräfteverhältnisse in diesen Gesellschaften. Denn wachsende Organisationskraft von Kleinproduzenten, Frauengruppen etc. und eine allmähliche Verbesserung der wirtschaftlichen Situation der ärmeren Bevölkerungsschichten brütet politische Macht aus, politische Kräfte beginnen zu kooperieren und zu kumulieren, und weiterreichendere Veränderungschritte auch auf der makropolitischen Ebene in der gewünschten Richtung werden möglich.

Für das Gelingen AT-fördender Makropolitiken hat die Entwicklung von angepassten und die Reform von unangepassten Organisationen eine Schlüsselfunktion. Insbesondere müssten die administrativen Strukturen der Regierungsapparate in den meisten Drittwelt-Staaten eine Dezentralisierung erfahren, um wirksamer arbeiten zu können. Vor allem sollten die lokalen Behörden globale Mittel zugewiesen bekommen, aber über die konkrete Durchführung und die Prioritäten von Projekten würde auf der lokalen Ebene entschieden.

Literatur:

(1)   W. Bierter: "Mehr autonome Werkzeuge - weniger globale Werkbänke", Karlsruhe 1986; P. Brödner. "Fabrik 2000 - Alternative Entwicklungspfade in die Zukunft der Fabrik", Berlin 1985; M. J. Piore/Ch. F. Sabel: "Das Ende der Massenproduktion", Berlin 1985

(2)   W. Bierter: "Not-wendige Kehre zu einer demokratisch fundierten und legitimierten Technologie- und Wissenschaftspolitik", in: Helmar Krupp (Hrsg.): "Technologiepolitik angesichts der Umweltkatastrophe", Heidelberg 1990

(3)   K. W. Grewlich: "Der technologische Wettlauf um Märkte", in: Aussenpolitik IV/91, S. 383-389

(4)   Manchmal werden diese auf verschiedene gesellschaftliche Gruppierungen und wirtschaftliche Sektoren zielende Politikaspekte mit Meso-Politik bezeichnet, und die auf die Gesamtwirtschaft eines Landes sich beziehenden Politiken als Makro-Politik. Wir fassen hier beide Politikaspekte unter dem Begriff "Makro-Politik" zusammen, vor allem weil in den meisten Ländern der Dritten Welt und Osteuropas diese begriffliche Unterscheidung wohl kaum ihre reale institutionelle Entsprechung in den Regierungsapparaten findet.

(5)   Q. K. Ahmad: "Appropriate Technology and Rural Industrial Development in Bangladesh: The Macro Context", paper prepared for the Conference on Implications of Technology Choice on Economic Development, Pattaya, Thailand, March 21-24, 1988; M. S. D. Bagachwa: "Technology Choice in Industry: A Study of Grain-milling Techniques in Tanzania", paper prepared for the Conference on the Implications of Technology Choice on Economic Development, Nairobi, August 29-31, 1988; S. Biggs/J. Griffith: "Irrigation in Bangladesh", in F. Stewart (ed.): "Macro-Policies for Appropriate Technology in Developing Countries", Boulder/Col. 1987; R. Kaplinsky: "Appropriate Technology in Sugar Manufacturing", in: F. Stewart (ed): "Macro-Policies for

Appropriate Technology in Developing Countries", Boulder/Col. 1987; C. Liedholm/D.C. Mead: "Small-Scale Industries in Developing Countries: Empirical Evidence and Policy Implications", MSU International Development Papers No. 9, 1987, Michigan State University; I. M. D. Little: Small Manufacturing Enterprises in Developing Countries", The World Bank Economic Review, Vol 1, No. 2, 1988; I. M. D. Little et al.: "Small Manufacturing Enterprise: A Comparative Study of India and Other Countries", New York 1988; H. Pack: "Aggregate Implications of Factor Substitution in Industrial Processes", Journal of Development Economics, Vol. 11, 1982; F. Stewart (ed.): "Macro-Policies for Appropriate Technology in Developing Countries", Boulder/Col. 1987

(6)   G. Ranis/F. Stewart: "Rural Linkages in the Philippines and Taiwan", in: F. Stewart (ed.): "Macro-Policies for Appropriate Technology in Developing Countries", Boulder/Col. 1987; W. van Ginneken/R. van der Hoeven: "Industrialization, Employment, and Earnings (1950-87): An International Survey", International Labour Review, Vol. 1-8, 1989

(7)   F. Stewart, H. Thomas and T. de Wilde (eds.): "The Other Policy. The influence of policies on technology choice and small enterprise development", London 1990

(8)   M. Bell/D. Scott-Kemmis: "Transfer of Technology and the Accumulation of Technological Capability in Thailand", World Bank, Washington D.C. 1987; J. James: "The Choice of Technology in Public Enterprise: A Comparative Study of Manufacturing Industry in Kenya and Tanzania", in: F. Stewart (ed.): "Macro-Policies for Appropriate Technology in Developing Countries", Boulder/Col. 1987; D.C. Lecraw: "Choice of Technology in Low-Wage Countries: a Non Neoclassical Approach", The Quarterly Journal of Economics, Vol. XCIII, 1979; M. Santikarn: "Macro-Policies for Appropriate Technology: Case Studies in Thailand", paper prepared for the Conference on Implications of Technology Choice on Economic Development, Pattaya, Thailand, March 21-24, 1988; S. M. Wangwe/M. D. Bagachwa: "Impact of Economic Policies on Technological Choice and Development in Tanzania", paper prepared for the Conference on the Implications of Technology Choice on Economic Development, Nairobi, August 29-31, 1988

(9)   W. Bierter/W. Zinkl: "Technische Ausbildung und moderne Techno-
        logien in Projekten der Entwicklungszusamnmenarbeit. Mechanismen
        und Problemstellungen am Beispiel von Ausbildungsprojekten der
        Direktion für Entwicklungszusammenarbeit und humanitäre Hilfe
        (DEH)", SYNTROPIE/COGIT, Liestal/Basel 1991

(10)   R. M. Bautista: "Macro-Policies and Technology Choice in the Phi-
        lippines", paper prepared for the Conference on Implications of Tech-
        nology Choice on Economic Development, Pattaya, Thailand, March
        21-24, 1988; M. Santikarn: "Macro-Policies for Appropriate Techno-
        logy: Case Studies in Thailand", paper prepared for the Conference on
        Implications of Technology Choice on Economic Development,
        Pattaya, Thailand, March 21-24, 1988

(11)   Q. K. Ahmad: "Appropriate Technology and Rural Industrial Develop-
        ment in Bangladesh: The Macro Context", paper prepared for the Con-
        ference on Implications of Technology Choice on Economic Develop-
        ment, Pattaya, Thailand, March 21-24, 1988; D. B. Ndlela: "Macro-Po-
        licies for Appropriate Technology in Zimbabwean Industry", paper
        prepared for the Conference on the Implications of Technology Choice
        on Economic Development, Nairobi, August 29-31, 1988; C. Lied-
        holm/D.C. Mead: "Small-Scale Industries in Developing Countries:
        Empirical Evidence and Policy Implications", MSU International Deve-
        lopment Papers No. 9, 1987, Michigan State University

(12)   S. Haggblade et al.: "The Effect of Policy and Policy reforms on Non-
        Agricultural Enterprises and Employment in Developing Countries: A
        Review of Past Experiences", Employment and Enterprise Analysis
        Discussion Paper, 1, 1986, Washington D.C., USAID; World Bank:
        "Agricultural Credit", World Bank Sector Policy Paper, 1975,
        Washington D.C.

(13)   S. Haggblade et al.: "The Effect of Policy and Policy reforms on Non-
        Agricultural Enterprises and Employment in Developing Countries: A
        Review of Past Experiences", Employment and Enterprise Analysis
        Discussion Paper, 1, 1986, Washington D.C., USAID; World Bank:
        "World Development Report 1984", New York 1984

(14)   R. M. Bautista: "Macro-Policies and Technology Choice in the Philippines", paper prepared for the Conference on Implications of Technology Choice on Economic Development, Pattaya, Thailand, March 21-24, 1988; A. Siamwalla/S. Setboonsarng: "Agricultural Pricing Policies in Thailand: 1960-85", Report prepared for World Bank, Bangkok, IDRI, 1987; S. M. Wangwe/M. D. Bagachwa: "Impact of Economic Policies on Technological Choice and Development in Tanzania", paper prepared for the Conference on the Implications of Technology Choice on Economic Development, Nairobi, August 29-31, 1988; F. Stewart: "Economic Policies and Agricultural Performance: the case of Tanzania", OECD 1985

(15)   R. M. Bautista: "Macro-Policies and Technology Choice in the Philippines", paper prepared for the Conference on Implications of Technology Choice on Economic Development, Pattaya, Thailand, March 21-24, 1988; S. Haggblade et al.: "The Effect of Policy and Policy reforms on Non-Agricultural Enterprises and Employment in Developing Countries: A Review of Past Experiences", Employment and Enterprise Analysis Discussion Paper, 1, 1986, Washington D.C., USAID; S. M. Wangwe/M. D. Bagachwa: "Impact of Economic Policies on Technological Choice and Development in Tanzania", paper prepared for the Conference on the Implications of Technology Choice on Economic Development, Nairobi, August 29-31, 1988

(16)   M. Wangwe/M. D. Bagachwa: "Impact of Economic Policies on Technological Choice and Development in Tanzania", paper prepared for the Conference on the Implications of Technology Choice on Economic Development, Nairobi, August 29-31, 1988; World Bank: "Tanzania: An Agenda for National Recovery", Washington D.C. 1986

(17)   J. D. Bhagwati: "Anatomy and Consequences of Exchange Control Regimes", Cambridge/Mass. 1978; P.D. Ncube: "The International Monetary Fund and the Zambian Economy", in: K. J. Havenik (ed.): "The IMF and the World Bank in Africa", Uppsala, Scandinavian Institute of African Studies, 1987; D. B. Ndlela: "Macro-Policies for Appropriate Technology in Zimbabwean Industry", paper prepared for the Conference on the Implications of Technology Choice on Economic Development, Nairobi, August 29-31, 1988; D. B. Ndlela: "Macro-Policies for Appropriate Technology in Zimbabwean Industry", paper prepared for

the Conference on the Implications of Technology Choice on Economic Development, Nairobi, August 29-31, 1988

(18)   R. Green: "Operational Relevance of Third World Multinationals to Collective Self-Reliance: Some Problems, Provocations and Possibilities", in: H. Singer et al. (eds.): "Technology Transfer by Multinationals", New Delhi 1988

(19)   siehe u.a. F. P. Carranza: "Modification of a Traditional Process of Lime Production", paper prepared for the first Latin American Conference on Economic Policy, Technology and Rural Productivity, Mexico City 1988; B. Duff: "Changes in Small Farm Paddy Threshing Technology in Thailand and the Philippines", in: F. Stewart (ed.): "Macro-Policies for Appropriate Technology in Developing Countries", Boulder/Col. 1987; E. Hyman: "The Design of Micro-Projects and Macro-Policies: Examples from Three of ATI´s Projects in Africa", paper prepared for the Conference on the Implications of Technology Choice on Economic Development, Nairobi, August 29-31, 1988; R. Kaplinsky: "Appropriate Technology in Sugar Manufacturing", in: F. Stewart (ed): "Macro-Policies for Appropriate Technology in Developing Countries", Boulder/Col. 1987

(20)   Q. K. Ahmad: "Appropriate Technology and Rural Industrial Development in Bangladesh: The Macro Context", paper prepared for the Conference on Implications of Technology Choice on Economic Development, Pattaya, Thailand, March 21-24, 1988; W. Beranek/G. Ranis: "Science and Technology and Economic Development", New York 1978; D. Crane: "Technological Innovation in Developing Countries: A Review of the Literature", Research Policy, Vol. 6, 1977